2021
中国水生动物卫生状况报告

2021 AQUATIC ANIMAL HEALTH IN CHINA

农业农村部渔业渔政管理局
Bureau of Fisheries, Ministry of Agriculture and Rural Affairs

全国水产技术推广总站
National Fisheries Technology Extension Center

中国农业出版社
北京

编 写 说 明

一、《2021中国水生动物卫生状况报告》以正式出版年份标序。其中，第一章至第四章内容的起讫日期为2020年1月1日至2020年12月31日，第五章和第六章内容的起讫日期为2020年1月1日至2021年6月30日。

二、本资料所称疾病，是指水生动物受各种生物性和非生物性因素的作用，而导致正常生命活动紊乱以至死亡的现象。本资料所称疫病，是指传染病和寄生虫病。本资料所称新发病，是指未列入我国法定疫病名录，近年在我国新确认发生，且对水产养殖产业造成严重危害，可能造成一定程度的经济损失和社会影响，需要及时预防、控制的疾病。

三、内容和全国统计数据中，均未包括香港特别行政区、澳门特别行政区和台湾省。

四、读者对本报告若有建议和意见，请与全国水产技术推广总站联系。

前　言

　　2020年是全面建成小康社会和"十三五"规划的收官之年，也是我国脱贫攻坚决战决胜之年，更是全民抗击新冠肺炎疫情不胜不休的一年。全国水生动物防疫工作，在农业农村部渔业渔政管理局的领导下，在全国水生动物防疫体系的共同努力下，以促进水产养殖业高质量发展为主线，坚持问题导向，求真务实，取得良好成效。新冠肺炎疫情暴发初期，果断遏制了关于水产品是否为新冠肺炎病毒中间宿主的炒作势头；圆满完成了《2020年国家疫病监测计划》，对阳性养殖场进行了及时处置；《全国动植物保护能力提升工程规划（2017—2025年）》进一步落实，防疫体系不断健全；依托全国水产养殖动植物病情测报大数据实施的"蓝色粮仓科技创新专项课题——水产病害大数据平台及预警模型构建与应用"项目启动，全国水生动物病情监测预警"一张图"开始构建；水产苗种产地检疫制度全面实施，从源头控制疫病发生和传播的措施更加科学；对《水生动物疾病术语和命名规则》等基础性标准进行修订，防疫工作更加规范；国际合作交流进一步深入，国际地位和话语权不断提高；"鱼病远诊网"改版，手机APP正式上线，"最后一公里"技术服务能力进一步增强。另外，为适应新冠肺炎疫情防控常态化需要，举办线上线下相合的技术培训和"专家直播讲堂"，制作虹鳟苗种综合防病技术宣传片等，形式多样、灵活实用的知识传播方式取得了良好效果，确保了新冠肺炎疫情特殊时期未出现重大水生动物疫情。2020年我国水产品总产量6 549.0万吨。其中，养殖产量5 224.2万吨，占水产品总产量的79.8%，比2019年提高1.4个百分点。海水养殖产量2 135.3万吨，占养殖产量的40.9%；淡水养殖产量3 088.9万吨，占养殖产量的59.1%。水生动物防疫工作的有效开展，为我国水产养殖业高质量发展提供了重要支持和保障。

　　2021年是开启全面建设社会主义现代化国家新征程的第一年，是中国共产党成立100周年，也是"十四五"规划起步之年。全国水生动物疫病防控体系要准确把握渔业发展新形势新要求，抓住机遇，顺势而为，以促进产业高质量发展、满足人民对优质水产品和优美水域生态环境的需求为目标，加快建立健全新形势下的防疫工作体制机制，进一步加强水生动物防疫工作，为渔业现代化建设作出新贡献！

农业农村部渔业渔政管理局局长

2021年6月

目　录

第一章 全国水生动物疾病发生概况

2020年,农业农村部继续组织开展全国水产养殖动植物病情测报,实施《2020年国家水生动物疫病监测计划》,对主要养殖区域、重要养殖品种的主要疾病进行监测。监测养殖面积近30万公顷,约占水产养殖总面积的4%。

一、发生疾病养殖种类

根据全国水产养殖动植物病情测报结果,2020年监测到发病的养殖种类有63种,与2019年持平,但2020年未监测到斑节对虾和澳洲岩龙虾发病,却监测到蛏、蚶有发病情况。2020年监测到发病鱼类有39种、虾类7种、蟹类3种、贝类8种、藻类1种、两栖/爬行类3种、其他类1种,主要的养殖鱼类和虾类都监测到疾病发生(表1)。

表1 2020年全国监测到发病的养殖种类

	类别	种类	数量
淡水	鱼类	青鱼、草鱼、鲢、鳙、鲤、鲫、鳊、泥鳅、鲇、鲴、黄颡鱼、鲑、鳟、河鲀、短盖巨脂鲤、长吻鮠、黄鳝、鳜、鲈、乌鳢、罗非鱼、鲟、鳗鲡、鲮、倒刺鲃、红鲌、鲴、尖塘鳢、白斑狗鱼、金鱼、锦鲤	31
	虾类	罗氏沼虾、青虾、克氏原螯虾、凡纳滨对虾	4
	蟹类	中华绒螯蟹	1
	贝类	河蚌	1
	两栖/爬行类	龟、鳖、大鲵	3

（续）

类别		种类	数量
海水	鱼类	鲈、鲆、大黄鱼、河鲀、石斑鱼、鲽、半滑舌鳎、卵形鲳鲹	8
	虾类	凡纳滨对虾、中国明对虾、日本囊对虾、脊尾白虾	4
	蟹类	梭子蟹、拟穴青蟹	2
	贝类	牡蛎、鲍、螺、蛤、扇贝、蛏、蚶	7
	藻类	海带	1
	其他类	海参	1
合计			63

二、主要疾病

　　淡水鱼类监测到的主要疾病有：草鱼出血病、传染性造血器官坏死病、锦鲤疱疹病毒病、传染性脾肾坏死病、鲫造血器官坏死病、鲤浮肿病、鳗鲡疱疹病毒病、传染性胰脏坏死病、鳜鱼弹状病毒病、细菌性败血症、链球菌病、小瓜虫病、水霉病等；海水鱼类监测到的主要疾病有：病毒性神经坏死病、真鲷虹彩病毒病、石斑鱼虹彩病毒病、大黄鱼内脏白点病、爱德华氏菌病、诺卡氏菌病、刺激隐核虫病、本尼登虫病等。

　　虾蟹类监测到的主要疾病有：白斑综合征、传染性皮下和造血组织坏死病、十足目虹彩病毒病（虾虹彩病毒病）、急性肝胰腺坏死病、虾肝肠胞虫病和梭子蟹肌孢虫病等。

　　贝类监测到的主要疾病有：牡蛎疱疹病毒病、三角帆蚌气单胞菌病等。

　　两栖、爬行类监测到的主要疾病有：鳖溃烂病、红底板病等。

三、主要养殖模式的发病情况

　　2020年监测的主要养殖模式有海水池塘、海水网箱、海水工厂化，淡水池塘、淡水网箱和淡水工厂化。从不同养殖方式的发病情况看，各主要养殖方式的平均发病面积率约14%，较2019年略有降低。其中，海水池塘养殖和海水工厂化养殖发病面积率仍然维持较低水平；淡水池塘养殖和淡水网箱养殖发病面积率居高不下；淡水工厂化养殖和海水网箱养殖的发病面积率比上一年有较大增幅（图1）。

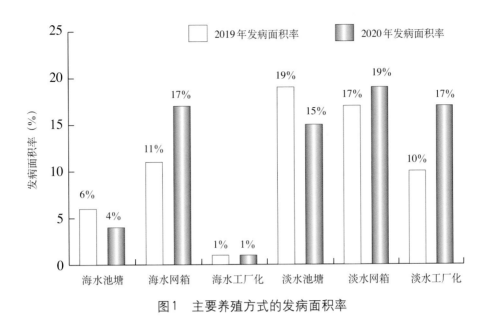

图1 主要养殖方式的发病面积率

四、经济损失情况

2020年，我国水产养殖因病害造成的测算经济损失约589亿元（人民币，下同），比2019年增加181亿元，约占水产养殖总产值的5.8%，约占渔业总产值的4.4%。2020年经济损失大，一是2020年入汛以来，我国南方地区发生多轮强降雨，长江中下游等淡水养殖主产区受灾严重；二是受新冠肺炎疫情影响，成鱼滞销，压塘严重，突发疫情增加；三是越冬淡水鱼春季死亡造成了较大损失，特别是鲈、黄颡鱼、石斑鱼、中华绒螯蟹和罗氏沼虾等主要养殖区发生了不同规模的疫情，造成了较大的经济损失。

在病害经济损失中，甲壳类损失最大，为198亿元，约占37.9%；鱼类154亿元，约占29.4%；贝类120亿元，约占23.1%；其他损失50亿元，约占9.6%。主要养殖种类经济损失情况如下：

（1）**甲壳类** 因病害造成较大经济损失的有：中华绒螯蟹约100.0亿元，凡纳滨对虾约60.0亿元，罗氏沼虾约15.0亿元，克氏原螯虾约13.0亿元，梭子蟹约5.0亿元，拟穴青蟹约5.0亿元。其中，中华绒螯蟹不明病因的"水瘪子病"和罗氏沼虾不明病因的"铁虾病"均造成了较大的经济损失，凡纳滨对虾等其他甲壳类的经济损失比2019年均略有减少。

（2）**鱼类** 因病害造成经济损失较大的有：鲈约48.9亿元，草鱼约21.9亿元，鳜约15.0亿元，石斑鱼约13.4亿元，黄颡鱼约9.5亿元，鲫约9.3亿元，罗非鱼约7.4亿元，鳙约5.6亿元，大黄鱼约5.0亿元，鲢约4.6亿元，鲤约3.7亿元，乌鳢约3.4亿元，观赏鱼约3.0亿元，鲆鲽、鲷等海水鱼约2.0亿元，鲑鳟约1.0亿元，黄鳝约1.5亿元，鮰约1.0亿元。其中，春季浙江、安徽、江西、湖北、湖南、广东等地养殖的鲈突发大量死亡情况，浙江、湖北、广西、四川、河南等地池塘养殖黄颡鱼突发大量死亡情况，均造成较大经济损失。

（3）**其他** 海带和紫菜等藻类因病害造成的经济损失约8.0亿元，鳖4.9亿元。另外，海参因高温等非病原性因素造成经济损失约37.8亿元。

五、发病趋势

2021年，根据中央1号文件关于"推进水产绿色健康养殖"的指示精神，农业农村部继续采取有力措施推进水产绿色健康养殖技术推广"五大行动"，大力推广应用疫苗免疫、生态防控等病害防控技术，强力推动水产苗种产地检疫制度实施等。相关政策和措施的出台，将在一定程度上从源头降低病害发生率和传播风险。但是，由于现有渔用疫苗种类有限，生态防控养殖技术宣传不到位，加上2020年春季鲈、黄颡鱼、中华绒螯蟹和罗氏沼虾等突发大量死亡的根源尚未明确，所以防病形势仍然严峻，局部地区仍有可能出现突发疫情。推测主要发病养殖品种除鲈、黄颡鱼、中华绒螯蟹和罗氏沼虾外，还有草鱼、鲤、罗非鱼、鲫、鲢、大黄鱼、石斑鱼、凡纳滨对虾、克氏原螯虾、牡蛎等。

第二章　水生动物重要疫病风险评估

　　2020年，农业农村部发布了《2020年国家水生动物疫病监测计划》（农渔发〔2020〕8号）（以下简称《计划》）和《关于增加2020年国家水生动物疾病监测任务及开展有关病害调查的通知》（农渔发〔2020〕47号）（以下简称《通知》），针对鲤春病毒血症等重要水生动物疫病进行专项监测，对虾虹彩病毒病等有关病害开展调查，同时组织专家进行了风险评估。

一、重要水生动物疫病

（一）鲤春病毒血症（Spring viraemia of carp，SVC）　〉〉〉〉〉

1. 监测情况

　　(1) 监测范围　《计划》和《通知》规定鲤春病毒血症的监测范围为北京、天津、河北、内蒙古、辽宁、吉林、黑龙江、上海、江苏、浙江、安徽、江西、山东、河南、湖北、湖南、重庆、四川、陕西、宁夏20个省（自治区、直辖市）的191个县306个乡（镇），监测对象主要为草鱼、鲢、鳙、鲤、鲫、青鱼、金鱼和锦鲤。

　　(2) 监测结果　20省（自治区、直辖市）共设置监测养殖场点412个，检出阳性场点30个，平均阳性养殖点检出率为7.3%。在412个监测养殖场点中，国家级原良种场7个，未检出阳性；省级原良种场64个，检出阳性场6个，检出率为9.4%；苗种场82个，检出阳性场4个，检出率为4.9%；观赏鱼养殖场52个，检出阳性场6个，检出率为11.5%；成鱼养殖场207个，检出阳性场14个，检出率为6.8%（图2）。

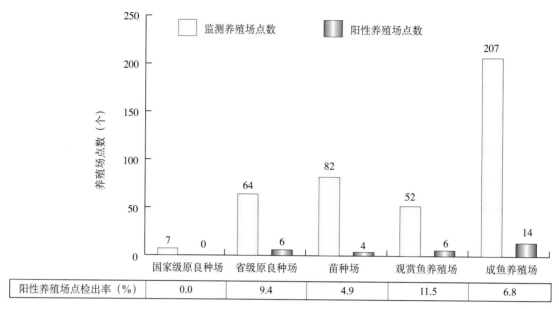

图2　2020年鲤春病毒血症各种类型养殖场点的阳性检出情况

在20个省（自治区、直辖市）中，天津、内蒙古、辽宁、山东、河南、湖北、湖南、陕西和宁夏9省（自治区、直辖市）的29个乡镇检出了阳性样品，9省（自治区、直辖市）的平均阳性养殖场点检出率为16.5%。其中，湖北省的阳性养殖场点检出率最高，21个场点的阳性检出率为47.6%（图3）。

20省（自治区、直辖市）共采集样品460批次，检出阳性样品31批次，平均阳性样品检出率为6.7%。31批次阳性样品中，27株属于Ⅰa基因型，2株属于Ⅰd基因型，其余2株序列有待进一步分析。

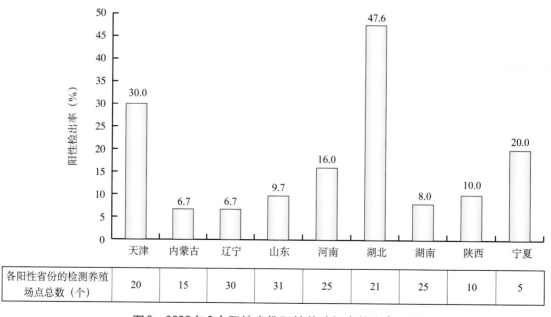

图3　2020年9个阳性省份阳性养殖场点检出率（%）

（3）阳性养殖品种和养殖模式　监测的养殖品种有草鱼、鲢、鳙、鲤、鲫、青鱼、金鱼和锦鲤等。其中，在鲤和锦鲤中检出了阳性样品。阳性养殖场的养殖模式均为淡水池塘养殖。

监测情况见附录1（1）。

2. 风险评估

Ⅰa基因型鲤春病毒血症病毒（Spring viraemia of carp virus，SVCV）是当前流行的主要病毒株，对鲤科鱼类具有致病性，但不同毒株致病力不同。2004年江苏、2016年新疆和2018年辽宁的有限区域内均曾发生鲤春病毒血症疫情，发病种类主要为食用鲤等鲤科鱼类。在实验条件下，Ⅰa基因型鲤春病毒血症病毒会造成锦鲤、白鱼、大口黑鲈、河鲈和部分鲑科鱼类发病，但死亡率从0到100%都有，病原致病性不尽相同。

2020年我国首次监测到Ⅰd基因型鲤春病毒血症病毒毒株。Ⅰd基因型鲤春病毒血症病毒毒株的致死率为60%～90%，属于高致病力毒株，主要分布于英国和乌克兰等欧洲地区。

2020年所有阳性监测点均未出现临床症状病例，但是我国仍有暴发鲤春病毒血症疫情的风险。首先，当鲤春病毒血症病毒Ⅰa基因型强毒株成为优势流行株时，将极大增加我国发生鲤春病毒血症疫情的风险。其次，带毒苗种和观赏鱼通过贸易运输至不同地区，增加了不同毒株在国内不同地区交叉传播的风险。再次，特定的应激条件是鲤春病毒血症疫情发生的必要条件。鲤春病毒血症病毒感染实验表明，温度变化等应激条件是实验动物出现死亡的重要条件。2016年和2018年，我国新疆、辽宁的鲤春病毒血症疫情均发生在气温多变的春季。

（二）锦鲤疱疹病毒病（Koi herpesvirus disease，KHVD）　〉〉〉〉〉

1. 监测情况

（1）监测范围　《计划》和《通知》规定锦鲤疱疹病毒病的监测范围为北京、天津、河北、内蒙古、辽宁、吉林、黑龙江、江苏、浙江、安徽、江西、山东、湖南、广东、重庆、四川、陕西、甘肃、宁夏共19个省（自治区、直辖市），涉及131个县和217个乡（镇），监测对象主要为锦鲤、鲤。

（2）监测结果　19省（自治区、直辖市）共设置监测养殖场点324个，检出阳性场11个，阳性养殖场平均检出率为3.4%。在324个监测养殖场点中，国家级原良种场3个，未检出阳性；省级原良种场37个，未检出阳性；苗种场59个，未检出阳性；观赏鱼养殖场48个，检出阳性场1个，检出率是2.1%；成鱼养殖场177个，检出阳性场10个，检出率为5.6%（图4）。

在19省（自治区、直辖市）中，天津、河北和吉林3省（直辖市）的10个乡（镇）检出了阳性样品，3省（直辖市）的平均阳性养殖场点检出率为14.7%。其中，河北省的阳性养殖场点检出率最高，25个场点的阳性检出率为20.0%（图5）。值得注意的是，天津、吉林两地均为首次检出锦鲤疱疹病毒（Koi herpesvirus，KHV）阳性。

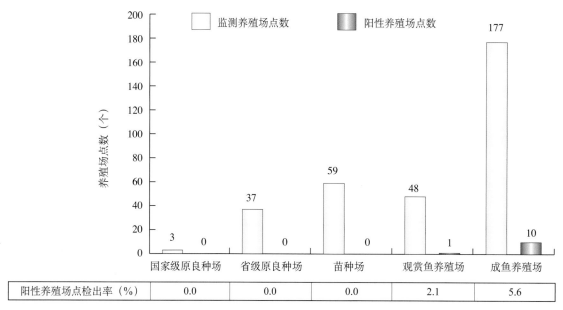

图4　2020年锦鲤疱疹病毒病各种类型养殖场点的阳性检出情况

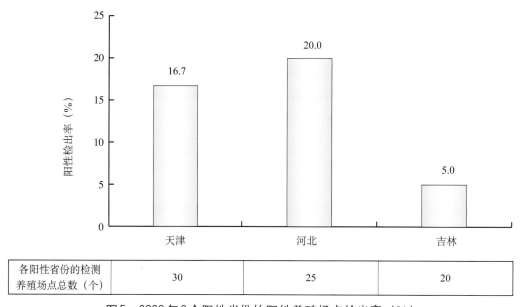

图5　2020年3个阳性省份的阳性养殖场点检出率（%）

9个省（自治区、直辖市）共采集样品350批次，检出阳性样品11批次，分别是天津5批次、河北5批次、吉林1批次，平均阳性样品检出率为3.1%。

（3）阳性养殖品种和养殖模式　监测的养殖品种有锦鲤、鲤。锦鲤和鲤中均检出了阳性样品。阳性养殖场的养殖模式均为淡水池塘养殖。

监测情况见附录1（2）。

2. 风险评估

2020年度监测结果显示，锦鲤疱疹病毒的阳性养殖场点平均检出率为3.4%，为开展监测工作以来历年最高。

从区域分布来看，检出锦鲤疱疹病毒阳性的3个省（直辖市）分别为天津、河北、吉林，其中天津和吉林均为阳性检出新增区域，显示该病毒阳性区域在全国扩散，呈现出点状分布、零星发病的趋势。

从养殖品种来看，近几年监测结果显示，锦鲤成鱼养殖场点阳性检出率总体高于鲤成鱼养殖场点，表明锦鲤仍然具有较高感染风险，但同时亦不能忽视鲤感染风险。

从不同类型监测点监测结果来看，各类苗种场已经连续3年未检出阳性，往年检出阳性较多的地区近年来阳性检出率逐渐下降，表明苗种产地检疫以及对专项监测力度的不断加强，在锦鲤疱疹病毒监测与防控方面取得显著效果。

（三）草鱼出血病 (Grass carp heamorrhagic diease，GCHD) 〉〉〉〉〉

1. 监测情况

（1）**监测范围**　《计划》和《通知》规定草鱼出血病的监测范围为北京、天津、河北、内蒙古、吉林、上海、江苏、浙江、安徽、江西、山东、湖北、湖南、广东、广西、重庆、四川、贵州、宁夏、新疆20省（自治区、直辖市），涉及188个区（县）、267个乡（镇）。监测对象为草鱼和青鱼。

（2）**监测结果**　20个省（自治区、直辖市）共设置监测养殖场点360个，检出阳性场57个，平均阳性养殖场点检出率为15.8%。在360个监测养殖场点中，国家级原良种场7个，检出阳性场1个，检出率为14.3%；省级原良种场49个，检出阳性场7个，检出率为14.3%；苗种场105个，检出阳性场23个，检出率为21.9%；观赏鱼养殖场1个，未检出阳性；成鱼养殖场198个，检出阳性场26个，检出率为13.1%（图6）。

在20省（自治区、直辖市）中，吉林、上海、安徽、江西、山东、湖北、广东和广西8省（自治区、直辖市）的35个乡镇检出了阳性样品，8省（自治区、直辖市）的平均阳性养殖场点检出率为25.3%。其中，广西的阳性养殖场点检出率最高，30个检测场点的阳性率为60.0%（图7）。

20省（自治区、直辖市）共采集样品388批次，检出阳性样品61批次，平均阳性样品检出率为15.7%。

（3）**阳性养殖品种和养殖模式**　监测的养殖品种有草鱼和青鱼，只在草鱼中检出了阳性样品。阳性养殖场的养殖模式全部为淡水池塘养殖。

监测情况见附录1（3）。

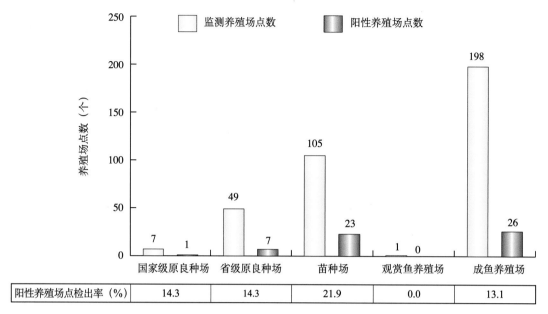

| 阳性养殖场点检出率（%） | 14.3 | 14.3 | 21.9 | 0.0 | 13.1 |

图6　2020年草鱼出血病各种类型养殖场点的阳性检出情况

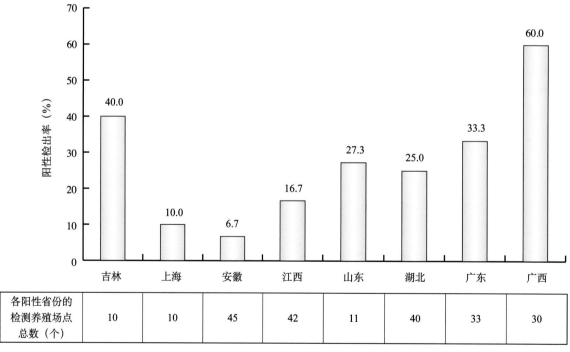

| 各阳性省份的检测养殖场点总数（个） | 10 | 10 | 45 | 42 | 11 | 40 | 33 | 30 |

图7　2020年8个阳性省份的阳性养殖场点检出率（%）

2. 风险评估

2020年监测结果显示，该疾病病原草鱼呼肠孤病毒（Grass carp reovirus，GCRV）的阳性检出率为近年来最高，主要与改进后的检测方法的灵敏度显著提高有关。虽然近年来通过免疫接种、生态防控等方法和科学的水产养殖管理措施，草鱼出血病在我国未有大规模暴发，但对我国主养区国家级原良种场、省级原良种场的检测结果显示，场点阳性率均为14.3%，如果管理不当，仍然存在大规模暴发的风险。下一步建议：一是继续加强对草鱼、青鱼等敏感宿主的主动监测，尤其是吉林、山东、湖北、广东、广西等病原阳性率较高的区域，开展流行病学调查；二是进一步落实水产苗种产地检疫制度，防止草鱼出血病随苗种跨区传播。

（四）传染性造血器官坏死病（Infectious haematopoietic necrosis，IHN）〉〉〉〉〉

1. 监测情况

（1）监测范围　《计划》和《通知》规定传染性造血器官坏死病监测范围为北京、河北、辽宁、吉林、黑龙江、山东、云南、陕西、甘肃、青海和新疆11省（自治区、直辖市），涉及50个区（县）、73个乡（镇）。监测对象为鲑鳟鱼类，主要是鳟。

（2）监测结果　11省（自治区、直辖市）共设置监测养殖场点119个，检出传染性造血器官坏死病毒（Infectious haematopoietic necrosis virus，IHNV）阳性场10个，平均阳性养殖场点检出率为8.4%。在119个监测养殖场点中，国家级原良种场2个，未检出阳性；省级原良种场9个，检出阳性场1个，检出率为11.1%；苗种场25个，检出阳性场1个，检出率为4.0%；引育种中心1个，未检出阳性；成鱼养殖场82个，检出阳性场8个，检出率为9.8%（图8）。

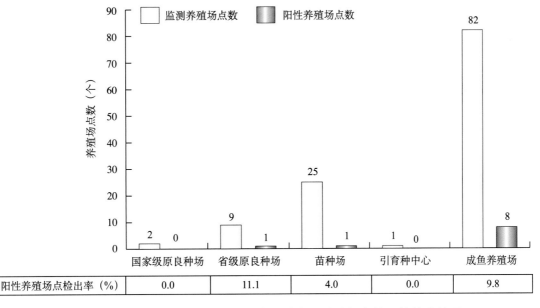

图8　2020年传染性造血器官坏死病各种类型养殖场点的阳性检出情况

在11省（自治区、直辖市）中，河北、辽宁、山东、甘肃和新疆5省（自治区）的8个乡镇检出了阳性样品，5省（自治区）的平均阳性养殖场点检出率为14.5%（图9）。其中，河北、辽宁、山东、甘肃已连续数年检出阳性，新疆的阳性养殖场点检出率最高，3个检测场点的阳性检出率为33.3%。

11省（自治区、直辖市）共采集样品201批次，检出阳性样品12批次，平均阳性样品检出率为6.0%。

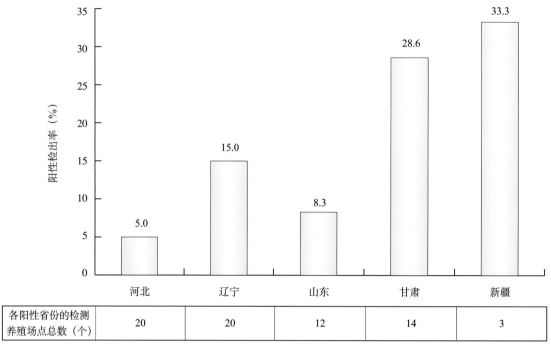

图9 2020年5个阳性省份的阳性养殖场点检出率（%）

（3）阳性养殖品种和养殖模式 监测的养殖品种有鳟和鲑。其中，只在鳟中检出了阳性样品。阳性养殖场的养殖模式有流水养殖和网箱养殖。

监测情况见附录1（4）。

2.风险评估

2020年的监测结果显示，河北、辽宁、山东、甘肃、新疆等省份鳟养殖中依然存在局部传染性造血器官坏死病疫情，主要发生在流水养殖模式中，如甘肃刘家峡库区连续多年在网箱养殖模式下发生该疾病，表明传染性造血器官坏死病在上述地区发病风险依然较高。防治方面，河北、新疆和甘肃组织对该疾病的阳性检测场开展流行病学调查，对病死鱼进行无害化处理，并对尾水进行消毒处理等工作；东北农业大学、中国水产科学研究院黑龙江水产研究所等单位还在山东、甘肃、北京等地开展了疫苗防治试验工作。

（五）病毒性神经坏死病（Viral nervous necrosis，VNN）　>>>>>

1. 监测情况

（1）监测范围　《计划》和《通知》规定病毒性神经坏死病监测范围为天津、河北、浙江、福建、山东、广东、广西和海南8省（自治区、直辖市），涉及38个区（县），55个乡（镇）。

（2）监测结果　8省（自治区、直辖市）共设置监测养殖场点167个，检出阳性场19个，平均阳性养殖场点检出率为11.4%。在167个监测养殖点中，国家级原良种场2个，未检出阳性；省级原良种场21个，检出阳性场2个，检出率为9.5%；苗种场32个，检出阳性场3个，检出率为9.4%；成鱼养殖场112个，检出阳性场14个，检出率为12.5%（图10）。

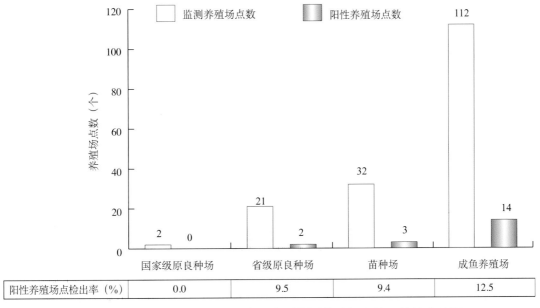

图10　2020年病毒性神经坏死病各类型监测养殖场点的阳性检出情况

在8个省（自治区、直辖市）中，浙江、广东、广西和海南检出了阳性样品，4省的平均阳性养殖场点检出率为17.8%。其中，广西壮族自治区的阳性养殖场点检出率最高，16个监测养殖场点的阳性率为43.8%（图11）。

8省（自治区、直辖市）共采集样品219批次，检出阳性样品27批次。

（3）阳性养殖品种和养殖模式　监测的养殖品种有石斑鱼、卵形鲳鲹、大黄鱼、鲆、河鲀、半滑舌鳎、鲈（海水）、许氏平鲉、鲷、绿鳍马面鲀和大泷六线鱼。其中，石斑鱼、卵形鲳鲹、鲈（海水）中检出了阳性样品，阳性养殖场的养殖模式有池塘养殖、工厂化养殖和网箱养殖。

监测情况见附录1（5）。

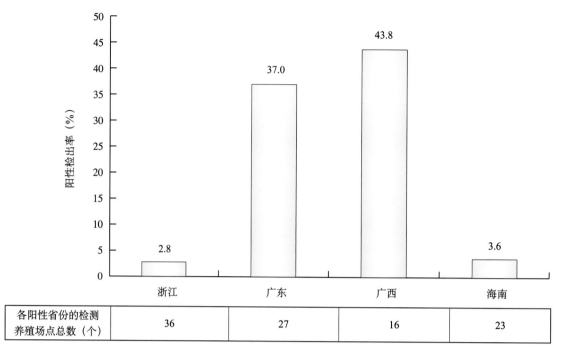

图11　2020年4个阳性省份的阳性养殖场点检出率（%）

2. 风险评估

自2016年开展病毒性神经坏死病监测以来，共检测阳性样品219批次，检测到的阳性品种及其在历年来所有阳性样品中占比情况如下：石斑鱼92.7%、卵形鲳鲹4.1%、鲆1.4%、河鲀0.9%、大黄鱼0.5%、鲈（海水）0.5%。近年来我国感染神经坏死病毒（Viral nervous necrosis virus，VNNV）的水产养殖品种增多，增加的感染对象不仅包括海水养殖品种，还包括淡水养殖品种。

病毒性神经坏死病风险趋势主要有以下3点：一是感染的品种增多，尤其是海水养殖品种；二是随着海水养殖鱼类苗种检疫工作的开展，能较好地降低该疾病垂直传播的风险；三是根据2016年以来的监测结果以及对该疾病流行病学的深入研究，指导海水养殖鱼类育苗场建立针对病毒性神经坏死病的有效防控措施，有效降低了苗种期该疾病的发病率，提高了发病后的成活率。

（六）白斑综合征（White spot disease，WSD）　>>>>>>

1. 监测概况

（1）监测范围　《计划》和《通知》规定白斑综合征监测范围为天津、河北、辽宁、上海、江苏、浙江、安徽、福建、江西、山东、湖北、广东、广西、海南等14省（自治区、直辖市），涉及147个区（县），262个乡（镇）。监测对象是甲壳类。

（2）监测结果　14省（自治区、直辖市）共设置监测养殖场点553个，检出白斑综合征病毒（White spot syndrome virus，WSSV）阳性75个，平均阳性养殖场点检出率为13.56%。在553个监测养殖场点中，国家级原良种场6个，检出阳性场2个，阳性检出率33.3%；省级原良种场41个，检出阳性场2个，阳性检出率4.9%；苗种场226个，检出阳性场4个，阳性检出率1.8%；成虾养殖场280个，检出阳性场67个，阳性检出率23.9%（图12）。

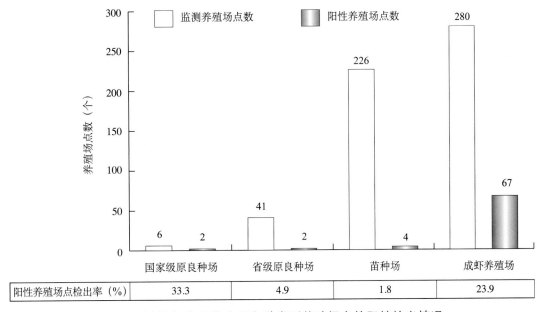

图12　2020年白斑综合征各种类型养殖场点的阳性检出情况

在14省（自治区、直辖市）中，河北（38个检测场点）、辽宁（40个检测场点）、江苏（55个检测场点）、安徽（46个检测场点）、江西（10个检测场点）、湖北（16个检测场点）、广东（31个检测场点）、广西（51个检测场点）等8省（自治区）检出了阳性样品，8省（自治区）的平均阳性养殖场点检出率为26.1%。其中，江西和湖北的阳性养殖场点检出率分别为80.0%和75.0%（图13）。

14省（自治区、直辖市）共采集样品650批次，检出阳性样品82批次，平均阳性样品检出率为12.6%。

（3）阳性养殖品种和养殖模式　监测的养殖品种有凡纳滨对虾、斑节对虾、中国明对虾、日本囊对虾、罗氏沼虾、青虾、克氏原螯虾和中华绒螯蟹。其中，海水养殖的凡纳滨对虾、青虾、克氏原螯虾、中国明对虾、日本囊对虾有白斑综合征病毒阳性检出。阳性养殖场的养殖模式有池塘养殖、工厂化养殖、稻虾连作和其他养殖模式。

监测情况见附录1（6）。

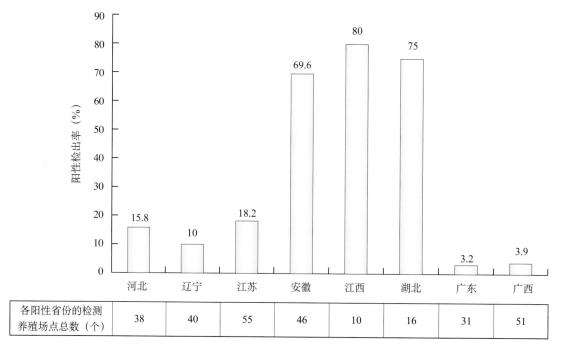

图13　2020年8个阳性省份的阳性养殖场点检出率（%）

2. 风险评估

相比2019年，2020年白斑综合征病毒的平均阳性养殖场点检出率下降了3.4个百分点，国家级原良种场阳性检出率增加了8.3个百分点，省级原良种场阳性检出率增加了4.9个百分点，苗种场阳性检出率下降了3.4个百分点，成虾养殖场阳性检出率下降了2.2个百分点。此外，2020年的平均阳性样品检出率下降了1.8个百分点。根据近年来专项监测数据和产业发病情况分析，2010年以后白斑综合征病毒的样品阳性检出率和监测点阳性检出率总体呈现波动下降的趋势，但应重视克氏原螯虾、中华绒螯蟹中该病毒的高阳性检出率情况。

（七）传染性皮下和造血组织坏死病（Infection with infectious hypodermal and haematopoietic necrosis virus，IHHN）〉〉〉〉〉

1. 监测概况

（1）监测范围　《计划》和《通知》规定传染性皮下和造血组织坏死病（IHHN）监测范围为天津、河北、辽宁、上海、江苏、浙江、安徽、福建、江西、山东、湖北、广东、广西、海南等14省（自治区、直辖市），涉及129个区（县）、231个乡（镇）。监测对象是甲壳类。

（2）监测结果　14省（自治区、直辖市）共设置监测养殖场点492个，检出传染性皮下和造血组织坏死病毒（Infectious hypodermal and hematopoietic necrosis virus，IHHNV）阳性场44个，平均阳性养殖场点检出率为8.9%。在492个监测养殖场点中，国家级原良种场6个，无阳性检出；省级原良种场35个，检出阳性场5个，检出率为14.3%；苗种场208个，检出阳性场14个，检出率为6.7%；成虾养殖场243个，检出阳性场25个，检出率为10.3%（图14）。

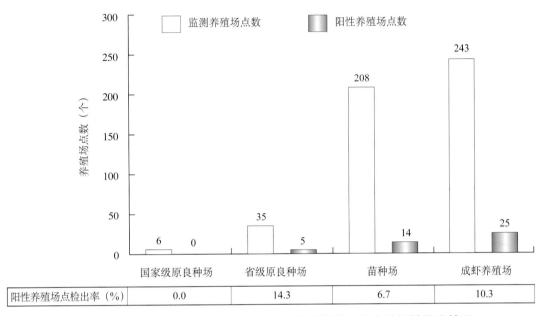

阳性养殖场点检出率（%）	0.0	14.3	6.7	10.3

图14　传染性皮下和造血组织坏死病各种类型养殖场点的阳性检出情况

在14省（自治区、直辖市）中，天津、河北、上海、江苏、安徽、福建、山东、广东和广西9省（自治区、直辖市）检出了阳性样品。9省（自治区、直辖市）的平均阳性养殖场点检出率为13.1%。广东和河北2省阳性养殖场点检出率分别为34.8%和28.6%（图15）。

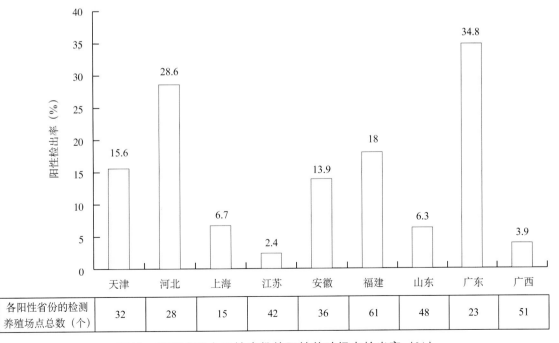

各阳性省份的检测养殖场点总数（个）	32	28	15	42	36	61	48	23	51

图15　2020年9个阳性省份的阳性养殖场点检出率（%）

14省（自治区、直辖市）共采集样品565批次，检出阳性样品52批次，平均阳性样品检出率为9.2%。

（3）**阳性养殖品种和养殖模式** 监测的养殖品种有罗氏沼虾、青虾、克氏原螯虾、凡纳滨对虾、斑节对虾、中国明对虾和日本囊对虾。其中，凡纳滨对虾、克氏原螯虾和中国明对虾检出了IHHNV阳性样品。阳性养殖场的养殖模式包括池塘养殖、工厂化养殖，以及稻虾连作养殖和其他养殖。

监测情况见附录1（7）。

2. 风险评估

与2019年相比，2020年传染性皮下和造血组织坏死病毒的平均阳性养殖场点检出率下降1.7个百分点，平均阳性样品检出率增加1.0个百分点。总体来看，虽然平均阳性养殖场点检出率较上年有所下降，平均阳性样品检出率有所增加，但是增加和下降的幅度均不明显。结合近年来专项监测数据和产业发病情况判断，该疾病阳性率呈平稳态势，但基于多地仍存在一定阳性检出率，应继续重视进口亲虾和苗种带来的病毒引入风险。

二、新发病调查

（一）鲫造血器官坏死病 (Crucian carp haematopoietic necrosis, CHN) 〉〉〉〉〉

1. 调查情况

（1）**调查范围** 《计划》和《通知》规定鲫造血器官坏死病调查范围为北京、天津、河北、吉林、上海、江苏、浙江、安徽、江西、山东、河南、湖北、湖南、四川和甘肃15省（直辖市）的147个区（县）、215个乡（镇）。主要调查对象为鲫，少部分为金鱼、草金鱼。

（2）**监测结果** 15省（直辖市）共设置调查养殖场点282个，检出鲤疱疹病毒Ⅱ型(Cyprinid herpesvirus 2，CyHV-2)阳性场11个，平均阳性养殖场点检出率为3.9%。在282个调查养殖场点中，国家级原良种场7个，未检测出阳性；省级原良种场41个，检出阳性场2个，检出率为4.9%；苗种场76个，检出阳性场2个，检出率为2.6%；观赏鱼养殖场14个，检出阳性场3个，检出率为21.4%；成鱼养殖场144个，检出阳性场4个，检出率为2.8%（图16）。

在15省（直辖市）中，北京、河北、上海、江西和湖北5省份检出了阳性样品，5省份的平均阳性养殖场点检出率为8.7%。其中，北京的阳性养殖场点检出率最高，15个检测场点的阳性率为20.0%（图17）。

15省（直辖市）共采集样品292批次，检出阳性样品11批次，平均阳性样品批次检出率为3.8%。

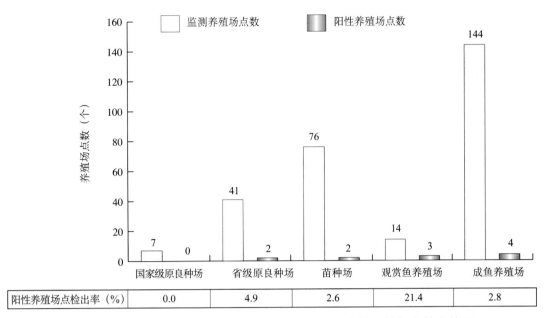

图16　2020年鲫造血器官坏死病各种类型养殖场点的阳性场点检出情况

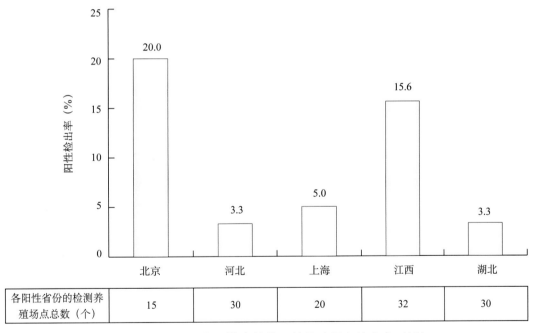

图17　2020年5个阳性省份的阳性养殖场点检出率（%）

（3）阳性养殖品种和养殖模式　调查的养殖品种有鲫、金鱼、草金鱼。其中，在鲫和金鱼中检出了阳性样品。阳性养殖场的养殖模式均为淡水池塘养殖。

调查情况见附录2（1）。

2. 风险评估

从阳性样品种类来看，金鱼鲫造血器官坏死病阳性检出率（21.4%）高于鲫阳性检出率

（3.0%），表明金鱼仍具有较高的感染率。相比2019年的调查结果，2020年金鱼的阳性样品检出率（21.4%）高于2019年的检出率（16.7%），表明观赏鱼养殖场的鲫造血器官坏死病病害不容忽视，应持续重视并加强我国观赏鱼养殖场的健康管理和日常监测。

从阳性区域分布来看，北京是我国观赏鱼主养区域之一，已经连续6年检测出阳性样品，应加强苗种检疫和健康养殖管理。江苏是鲫养殖大省，2015—2018年连续4年调查中均有阳性样品检出，但2019—2020年连续两年未检测出阳性样本，在近年持续调查的情况下鲫阳性养殖场检出率呈明显的下降趋势（2016—2020年：37.1%—3.3%—3.3%—0%—0%），这表明农业农村部在江苏省开展的水产苗种产地检疫试点工作取得了成效。

从阳性养殖场点的类型来看，省级原良种场和苗种场鲫造血器官坏死病阳性检出率呈现上升趋势，说明对省级良种场和苗种场的管理措施需要继续加强，应持续对省级良种场和苗种场进行调查。

从养殖模式来看，2020年我国鲫的养殖模式仍为池塘养殖为主。成鱼池塘养殖模式该疾病阳性率（4.4%）与2019年（8.5%）相比有所降低，说明调查计划实施后，疾病防控方面已经取得一定成果，建议在养殖环境、养殖环节以及苗种来源等可能的风险点进一步加强防范，从苗种源头检验检疫抓起，使检疫覆盖整个养殖过程，构建鲫健康养殖模式。

（二）鲤浮肿病 （Carp edema virus disease，CEVD）〉〉〉〉〉

1. 调查情况

（1）调查范围 《计划》和《通知》规定鲤浮肿病的调查范围为北京、天津、河北、内蒙古、辽宁、吉林、黑龙江、上海、江苏、浙江、安徽、江西、河南、湖北、湖南、广东、重庆、四川、贵州、陕西、甘肃、宁夏22省（自治区、直辖市），涉及152个区（县）、236个乡（镇）。调查对象主要为鲤和锦鲤。

（2）调查结果 22省（自治区、直辖市）共设置调查养殖场点331个，检出阳性18个，平均阳性场点检出率为5.4%。在331个调查养殖场点中，国家级原良种场5个，未检出阳性；省级原良种场38个，检出阳性场1个，检出率为2.6%；苗种场55个，检出阳性场1个，检出率为1.8%；观赏鱼养殖场63个，检出阳性场6个，检出率为9.5%；成鱼养殖场170个，检出阳性场10个，检出率为5.9%（图18）。

在22省（自治区、直辖市）中，北京、天津、河北、内蒙古、河南、湖南、广东和四川8省（自治区、直辖市）的16个乡镇检出了阳性样品，8省（自治区、直辖市）的平均阳性养殖场点检出率为11.8%。其中，广东省的阳性养殖场点检出率最高，11个养殖场点的阳性率为27.3%。另外，北京、河北、河南3个省份均为连续调查4年并持续检出阳性的省份（图19）。

22省（自治区、直辖市）共采集样品360批次，检出阳性样品18批次，平均阳性样品检出率为5.0%。

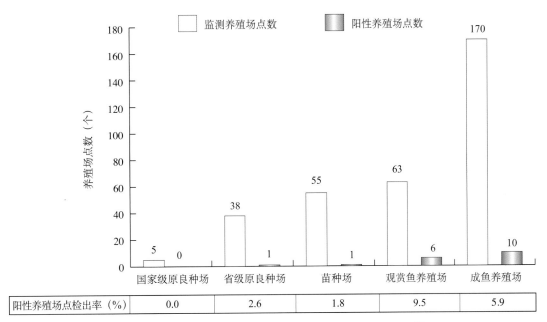

阳性养殖场点检出率（%）	0.0	2.6	1.8	9.5	5.9

图18 2020年鲤浮肿病各种类型养殖场点的阳性检出情况

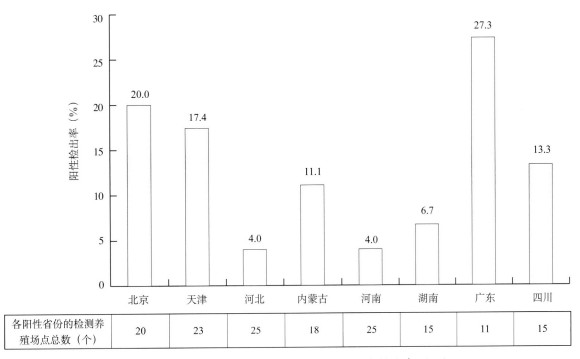

各阳性省份的检测养殖场点总数（个）	20	23	25	18	25	15	11	15

图19 2020年8个阳性省份的阳性养殖场点检出率（%）

（3）阳性养殖品种和养殖模式 调查的养殖品种主要是鲤和锦鲤。阳性养殖场的养殖模式有淡水池塘、淡水工厂化。

调查情况见附录2（2）。

2. 风险评估

近几年，我国鲤、锦鲤局部性疫情持续存在。2020年河北省唐山市，内蒙古自治区鄂尔多斯市，天津市宁河区、蓟州区，以及河南省等鲤主产地均发生了不同程度的鲤浮肿病疫情，发病后死亡率为20%～80%。这些地区均对发病场采取了消毒、监控、专项调查等处理方式。发病情况表明鲤浮肿病不容忽视，应持续重视并加强上述地区养殖场的健康管理和日常调查。此外，首席专家团队组织开展了鲤浮肿病毒（Carp edema virus，CEV）的原位杂交、免疫组化、组织病理等研究，并开展了鲤浮肿病综合防控试验工作，取得了初步成效；河北省唐山市水产技术推广站对养殖环境和养殖鱼中鲤浮肿病毒的存在情况开展了专项研究工作。

（三）虾肝肠胞虫病（*Enterocytozoon hepatopenaei* disease，EHPD）〉〉〉〉〉

1. 调查情况

（1）调查范围 《计划》和《通知》规定虾肝肠胞虫病的调查范围为安徽、广东、海南、河北、江苏、辽宁、山东、天津和浙江等9个省（直辖市），共涉及49个区（县）93个乡（镇）。调查对象为我国当前主要的5种海淡水养殖甲壳类品种，包括罗氏沼虾、克氏原螯虾、凡纳滨对虾、斑节对虾和中国明对虾。

（2）调查结果 9省（直辖市）共设置调查养殖场点220个，检出虾肝肠胞虫（*Enterocytozoon hepatopenaei*，EHP）阳性34个，平均阳性场点检出率为15.5%；220个调查点中，国家级原良种场1个，无阳性检出；省级原良种场23个，检出阳性场3个，调查点阳性率13.0%；苗种场116个，检出阳性场2个，调查点阳性率1.7%；成虾养殖场80个，检出阳性场29个，调查点阳性率36.3%（图20）。

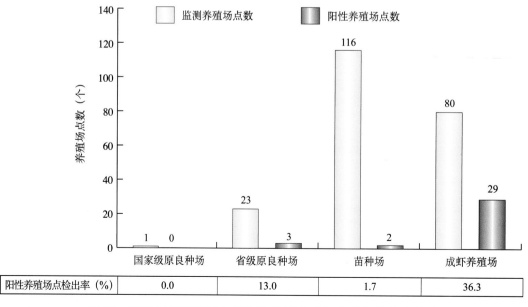

图20 2020年虾肝肠胞虫病各种类型养殖场点的阳性检出情况

在9省（直辖市）中，河北、辽宁、浙江、广东和海南共5省检出有阳性样品，5省的平均阳性养殖场点检出率为24.6%。其中，河北、辽宁和广东的养殖场点阳性率分别为80.0%、46.7%和10.5%（图21）。

9省（直辖市）共采集样品232个，检出阳性样品34批次，平均阳性样品检出率为14.7%。

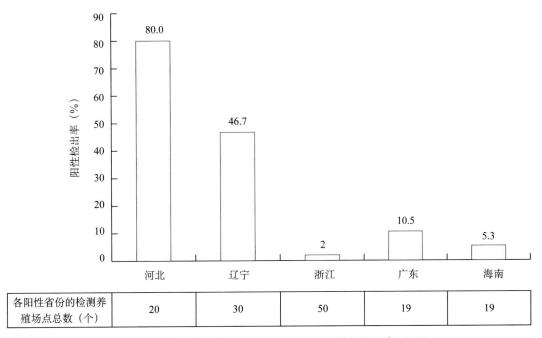

各阳性省份的检测养殖场点总数（个）	20	30	50	19	19

图21　2020年5个阳性省份的阳性养殖场点检出率（%）

（3）阳性养殖品种和养殖模式　调查的养殖品种中，除斑节对虾、罗氏沼虾、中国明对虾和克氏原螯虾的样品无虾肝肠胞虫阳性检出外，海水或淡水养殖的凡纳滨对虾均有阳性检出。淡水养殖和海水养殖凡纳滨对虾的样品阳性检出率分别为12.0%和23.3%。阳性养殖场的养殖模式有池塘养殖、工厂化养殖、稻虾连作和其他养殖模式。

2020年，虾肝肠胞虫病专项调查情况见附录2（3）。

2. 风险评估

从总的调查数据来看，2020年虾肝肠胞虫病的调查点阳性率和样品阳性率较2019年基本持平，其中2020年较2019年的阳性调查点检出率有2.6个百分点的下降，但阳性样品检出率有0.2个百分点的上升。与2019年比较，2020年苗种场的阳性样品检出率和阳性调查点检出率下降明显，分别下降了12.0和15.8个的百分点，但成虾养殖场分别上升了15.4和16.5个的百分点，省级原良种场上升了6.4和6.8个的百分点。为促进产业健康发展，仍有必要加强疫病调查，及时为产业提供可靠的疫情防控信息。

种业是产业发展的核心基础。2020年国家级原良种场无阳性检出（只采样1家），省级原良种场和苗种场调查点阳性率分别为13.0%和1.7%，省级原良种场的苗种阳性检出结果提示有必要加强各级苗种场的疫病调查，为种业安全及产业发展及时提供准确的调查信息。

（四）虾虹彩病毒病（Shrimp haemocyte iridescent disease，SHID）〉〉〉〉〉

1. 调查概况

（1）**调查范围** 《计划》和《通知》规定虾虹彩病毒病的调查范围为天津、河北、辽宁、江苏、浙江、江西、山东、广东、海南9个省（直辖市），共涉及60个县、115个乡镇。调查对象包括凡纳滨对虾、斑节对虾、中国明对虾、克氏原螯虾和罗氏沼虾等5种主要甲壳类养殖品种。

（2）**调查结果** 9省（直辖市）共设置调查点286个，检出十足目虹彩病毒1（Decapod iridescent virus 1，DIV1）阳性场26个，平均调查场点阳性率为9.1%。在286个调查点中，国家级原良种场1个，无阳性检出；省级原良种场24个，未检出阳性；苗种场150个，检出阳性场9个，检出率为6.0%；成虾养殖场111个，检出阳性场17个，检出率为15.3%（图22）。

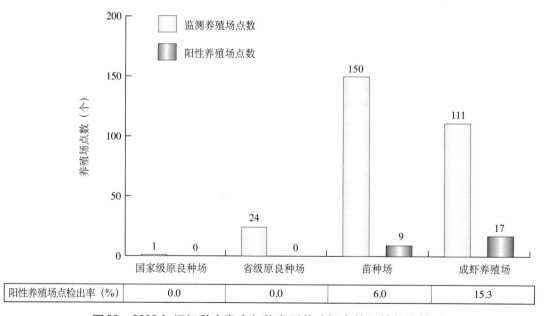

图22　2020年虾虹彩病毒病各种类型养殖场点的阳性检出情况

在9省（直辖市）的专项调查中，浙江、江西和海南3省检出阳性样品。其中，江西省15个调查点共检测样品15批，调查点阳性率和样品阳性率均为100%（图23）。

9省（直辖市）共采集样品297批次，检出阳性样品26批次，平均阳性样品检出率为8.8%。

（3）**阳性养殖品种和养殖模式** 检出阳性的物种有凡纳滨对虾和克氏原螯虾。阳性检出率分别为：凡纳滨对虾（淡水）3.0%、凡纳滨对虾（海水）5.4%、克氏原螯虾100%。阳性养殖场的养殖模式有池塘养殖、工厂化养殖和稻虾连作。

调查情况见附录2（4）。

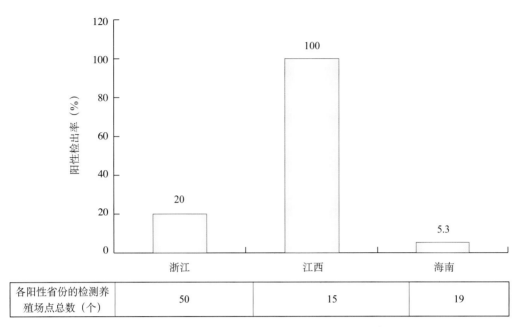

图23　2020年3个阳性省份的阳性养殖场点检出率（％）

2. 风险评估

2020年该疾病病原十足目虹彩病毒1的调查场点平均阳性检出率为9.1％，样品阳性率为8.8％，相比2019年分别下降了1.6个百分点和上升了0.3个百分点。2020年国家级原良种场、省级原良种场和苗种场的调查场点阳性率分别为0.0％、0.0％和6.0％，相比2019年分别为没有变化、下降了9.4个百分点和上升了0.2个百分点。2020年成虾养殖场的调查点阳性率为15.3％，相比2019年上升31.4个百分点。总体来看，2020年省级原良种场阳性率明显下降，苗种场和成虾养殖场的阳性率略有上升，仍需重点加强苗种场和成虾养殖场的疫病防控和调查。

（五）急性肝胰腺坏死病
（Acute hepatopancreatic necrosis disease，AHPND）　>>>>>

1. 调查概况

（1）调查范围　《计划》和《通知》规定急性肝胰腺坏死病的调查范围是天津、河北、辽宁、江苏、安徽、江西、山东、广东和海南等9个省（直辖市），共涉及41个区（县）、87个乡（镇）。调查对象包括凡纳滨对虾、斑节对虾、克氏原螯虾和中国明对虾等4种甲壳类养殖品种。

（2）调查结果　9省（直辖市）共设置调查点246个，检出阳性场12个，平均调查点阳性率为4.9％。在246个调查点中，没有国家级原良种场；省级原良种场21处，检出阳性场2个，调查点阳性率9.5％；苗种场108处，检出阳性场4处，调查点阳性率3.7％；成虾养殖场117处，检出阳性场6处，调查点阳性率5.1％（图24）。

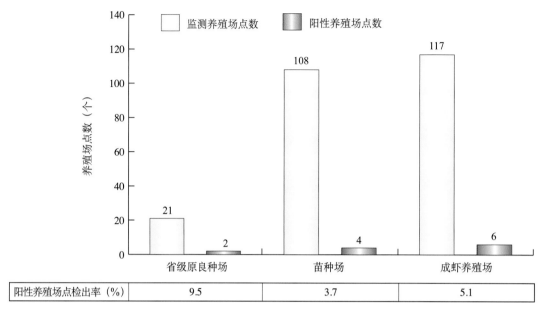

图24　2020年急性肝胰腺坏死病各种类型养殖场点的阳性检出情况

在9省（直辖市）中，天津、河北、辽宁、山东和广东5省（直辖市）的养殖场点检出了阳性样品。其中，河北、广东的调查场点阳性率分别为12.1%和10.5%（图25）。

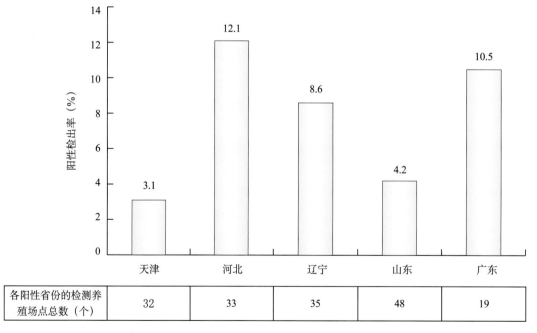

图25　2020年5个阳性省份的阳性养殖场点检出率（%）

（3）**阳性养殖品种和养殖模式**　斑节对虾、中国明对虾和克氏原螯虾未检出阳性样品，凡纳滨对虾有阳性检出。样品阳性检出率情况：海水养殖的凡纳滨对虾为6.5%，淡水养殖的凡纳滨对虾为4.9%。阳性养殖场的养殖模式有池塘养殖和工厂化养殖。

调查情况见附录2（5）。

2. 风险评估

2020年首次将急性肝胰腺坏死病纳入专项调查，平均阳性养殖场点检出率为4.9%，平均阳性样品检出率为4.5%。这表明，全国多数对虾养殖区主要养殖品种仍存在感染风险，需针对该病加强对各级苗种场及养殖场的调查，为产业健康发展及时提供预警信息。

（六）传染性胰脏坏死病（Infectious pancreatic necrosis，IPN）〉〉〉〉〉

1. 调查概况

（1）调查范围 《计划》和《通知》规定传染性胰脏坏死病调查范围是北京、河北、吉林、黑龙江、甘肃和青海6个省（直辖市），涉及29个区（县）和41个乡（镇）。调查对象主要为鳟。

（2）调查结果 6省（直辖市）共设置调查养殖场点60个，检出阳性场12个，平均阳性养殖场点检出率为20.0%。在60个调查养殖场点中，国家级原良种场2个，未检出阳性；省级原良种场4个，未检出阳性；苗种场8个，检出阳性场3个，检出率为37.5%；引育种中心1个，未检出阳性；成鱼养殖场45个，检出阳性场9个，检出率为20.0%（图26）。

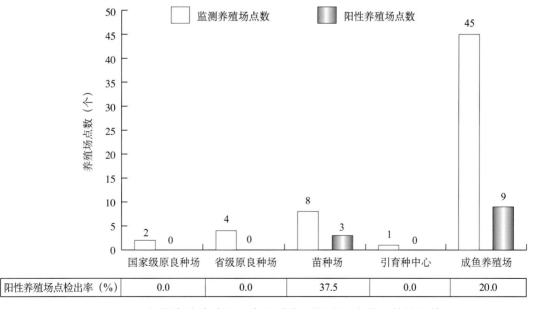

图26 2020年传染性胰脏坏死病各种类型养殖场点的阳性检出情况

6省（直辖市）中，北京、甘肃和青海3个省份检出了阳性样品，3个省份的平均阳性养殖场点检出率为35.3%。其中，甘肃省的阳性养殖场点检出率最高，6个检测场点的阳性检出率为50.0%（图27）。

6省（直辖市）共采集样品150批次，检出阳性样品15批次，分别是北京1批次、甘肃

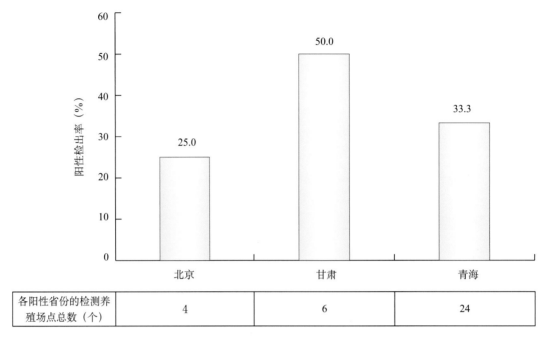

各阳性省份的检测养殖场点总数（个）	4	6	24

图27　2020年3个阳性省份阳性养殖场点检出率（％）

5批次、青海9批次，平均阳性样品检出率为10.0%。

（3）**阳性养殖品种和养殖模式**　调查的养殖品种主要是鳟，还有少量七彩鲑、大西洋鲑、白鲑等。其中阳性样品全部来自鳟。阳性养殖场的养殖模式有流水养殖、网箱养殖和工厂化养殖。

调查情况见附录2（6）。

2. 风险评估

2019年末到2020年初，我国虹鳟养殖场发生局部传染性胰脏坏死病疫情。农业农村部渔业渔政管理局和全国水产技术推广总站及时组织中国检验检疫科学研究院、中国水产科学研究院黑龙江水产研究所、深圳海关和北京市水产技术推广站等检测机构调查国内部分省份虹鳟该疾病流行情况。青海省渔业环境调查站对省内主要虹鳟养殖场开展专项调查工作并编制防控指南。中国水产科学研究院黑龙江水产研究所和北京市水产技术推广站通过回顾性检测和分析，均明确了我国现行传染性胰脏坏死病毒（Infectious pancreatic necrosis virus，IPNV）基因型为I型和V型。北京市水产技术推广站根据IPNV的VP2蛋白基因保守序列，建立了一种实时荧光定量RT-PCR检测方法，同时制备了一种质粒。

对该疾病的调查于2020年首次启动，截至目前数据尚不十分完善，但调查工作仍在持续进行。虹鳟是我国东北和西北等北方地区的重要养殖品种，2020年首次调查即发现该疾病的存在，表明未来可能面临风险上升的威胁。

三、OIE名录疫病在我国的发生状况

世界动物卫生组织（OIE）于2004年公布了水生动物疫病名录，并且每年更新1次。现行"OIE疫病名录"共收录水生动物疫病29种。包括鱼类疫病10种，甲壳类疫病9种，贝类疫病7种，两栖类动物疫病3种。

依据《计划》及OIE参考实验室监测结果，2020年，鲤春病毒血症、锦鲤疱疹病毒病、传染性造血器官坏死病3种鱼类疫病，以及白斑综合征、传染性皮下和造血组织坏死病、急性肝胰腺坏死病3种甲壳类疫病在我国局部发生，其他疫病未检出（表2）。

表2　OIE名录疫病在我国的发生状况

序号	种类	疫病名称	2020年在我国发生状况
1	鱼类疫病10种	流行性造血器官坏死病	未曾检出
2		流行性溃疡综合征	未曾检出
3		大西洋鲑三代虫感染	未曾检出
4		鲑传染性贫血症病毒感染	未曾检出
5		鲑甲病毒感染	未曾检出
6		传染性造血器官坏死病	有检出
7		锦鲤疱疹病毒感染	有检出
8		真鲷虹彩病毒感染	未曾检出
9		鲤春病毒血症	有检出
10		病毒性出血性败血症病	未曾检出
11	甲壳类疫病9种	急性肝胰腺坏死病	有检出
12		螯虾瘟	未曾检出
13		坏死性肝胰腺炎	未曾检出
14		传染性皮下及造血组织坏死病	有检出
15		传染性肌坏死病毒感染	未曾检出
16		白尾病	未检出，上一次发生时间2013年6月
17		桃拉综合征	未检出，上一次发生时间2011年
18		白斑综合征	有检出
19		黄头病	未检出，上一次发生时间2016年10月

（续）

序号	种类	疫病名称	2020年在我国发生状况
20		鲍疱疹病毒感染	未曾检出
21		杀蛎包拉米虫感染	未曾检出
22		牡蛎包拉米虫感染	未曾检出
23	软体动物疫病7种	折光马尔太虫感染	未曾检出
24		海水派琴虫感染	未曾检出
25		奥尔森派琴虫感染	未曾检出
26		加州立克次体感染	未曾检出
27		箭毒蛙壶菌感染	未曾检出
28	两栖类疫病3种	蝾螈壶菌感染	未曾检出
29		蛙病毒属病毒感染	未曾检出

第三章　疫病预防与控制

一、技术成果及试验示范

2020年，水生动物防疫技术成果丰硕，一系列水生动物防疫技术成果获得省部级奖励。其中，"淡水鱼类嗜水气单胞菌败血症免疫防控技术关键及产业化应用""冷水性养殖鱼类重要疫病防控新技术研究与应用""水生动物重要病毒病细胞系、高效单抗和检测试剂盒的创制与应用""江苏水产养殖病害测报及防控技术研究与应用"等4项成果获"第五届中国水产学会范蠡科学技术奖"；"海水工厂化养殖鱼类重要病害控制关键技术研究与示范""草鱼出血病二价核酸菌蜕疫苗的研制及初步应用""海水鱼刺激隐核虫病防控关键技术研发与应用""南海主要经济贝类生态养殖与病害防控技术应用"等4项成果获得省级奖励。获国家授权发明专利20多项，计算机软件著作权4项，见附录3。

2020年，农业农村部组织相关水生动物疫病首席专家团队，针对主要水生动物疫病开展了系统的研究，并将多项防控技术成果示范应用。

（一）鲤春病毒血症　>>>>>

首席专家刘荭研究员团队开展了鲤春病毒血症（SVC）等水生动物疫病监测和流行病学调查工作，收集完善我国鲤春病毒血症病毒（SVCV）毒株糖蛋白基因全序列信息，并进行分子进化树分析、比较和确认检测方法、建立新型检测方法等工作。

（二）锦鲤疱疹病毒病　>>>>>

首席专家张朝晖研究员团队开展了锦鲤疱疹病毒病（KHVD）等疫病常规监测及测报工作，持续进行KHV分子流行病学调查。针对江苏省主要水产养殖动物疾病的危害和影响，集成江苏水产养殖病害测报及防控技术并推广应用，相关成果获得"第五届中国水产学会范蠡科学技术奖"科技进步二等奖。

（三）草鱼出血病 >>>>>>

首席专家王庆研究员团队持续开展草鱼出血病（GCHD）等疫病常规监测，深入开展了草鱼呼肠孤病毒（GCRV）敏感细胞系微载体培养工艺研究，为草鱼出血病疫苗的规模化生产奠定了基础。集成淡水鱼类嗜水气单胞菌败血症免疫防控技术关键及产业化应用，相关成果获"第五届中国水产学会范蠡科学技术奖"科技进步二等奖；获得1个草鱼相关水产疫苗临床试验批件、1个疫苗转基因中间试验批件；在山东、山西、广东3个试验场开展了草鱼嗜水气单胞菌败血症、铜绿假单胞菌赤皮病二联蜂胶灭活疫苗临床试验，对相关疫苗在实际生产应用中的安全性、效力和使用效果进行了科学评价。

（四）传染性造血器官坏死病、鲤浮肿病 >>>>>

首席专家徐立蒲研究员团队集成形成虹鳟传染性造血器官坏死病（IHN）综合防控技术，使孵化车间内苗种成活率由原来的5%提升到90%以上，相关成果获得"第五届中国水产学会范蠡科学技术奖"科技进步类二等奖。

同时，在鲤浮肿病（CEVD）病原检测和防控方面取得新进展，一是建立了CEV免疫组化和原位杂交检测技术，制备多克隆抗体2个，为后续CEVD综合防控提供了理论基础和技术支撑。二是通过对10省70份CEV阳性样品的分析，明确我国CEV基因型主要为Ⅱa型。三是形成一套CEVD防控技术规程，试验示范点发病死亡率显著降低。

（五）病毒性神经坏死病 >>>>>

首席专家樊海平研究员团队及国内相关领域高校、科研院所的专家开展了病毒性神经坏死病（VNN）监测和病毒性神经坏死病毒（RGNNV）致病机制研究。中国水产科学研究院黄海水产研究所通过流行病学调查和研究，确认斑石鲷是RGNNV的高度敏感宿主，在育苗阶段应关注VNN感染风险。福建省水产研究所将冷冻干燥技术与可视化LAMP检测技术相结合，使RGNNV检测试剂盒可以在常温条件下保存和运输。中山大学在RGNNV致病机制研究方面也有了新进展，一种热休克蛋白被发现是RGNNV的受体，通过网格蛋白介导的内吞作用促进病毒内化。

（六）鲫造血器官坏死病 >>>>>

大宗淡水鱼产业技术体系岗位科学家、首席专家曾令兵研究员团队在做好常规监测的同时，密切关注鲫养殖过程中鲫造血器官坏死病（CHN）的发病和流行情况，对其病原鲤疱疹病毒Ⅱ型重点开展了分子流行病学特征研究，并在优化CHN酵母疫苗生产工艺、鲤疱疹病毒Ⅱ型对异育银鲫肠道菌群的影响研究方面取得进展。

（七）鲈主要病毒性疾病 >>>>>

海水鱼产业技术体系岗位科学家秦启伟教授和浙江淡水水产研究所沈锦玉研究员团队对国内近年养殖规模发展迅速的大口黑鲈（又名加州鲈）主要病毒性疾病开展了有效监测和分子流行病学调查。研究发现，蛙虹彩病毒（LMBV）是大口黑鲈养殖的主要流行性病原，在包括卵在内的各养殖阶段均有检出；细胞肿大虹彩病毒也有一定检出率，并存在与LMBV混合感染；弹状病毒（MSRV）主要在苗种中检出，阳性率与育苗规格大小密切相关。

（八）对虾主要疫病及新发病 >>>>>

首席专家张庆利研究员团队针对白斑综合征（WSD）、传染性皮下和造血组织坏死病(IHHN)、十足目虹彩病毒病（DIV1）和急性肝胰腺坏死病（AHPND）等对虾主要疫病及新发病开展了监测和分子流行病学调查，并在2个大型虾类育苗企业开展了生物安保技术体系应用示范，为虾类主要疫病与新发病的有效防控工作积累经验并提供示范案例。另外，鉴定了养殖凡纳滨对虾新发病"玻璃苗"的病原，初步查明了该病害的流行情况。同时，测定了对虾病毒性偷死病病原——偷死野田村病毒（CMNV）的全基因组序列；建立了CMNV荧光定量PCR和DIV1环介导等温扩增检测方法等。

二、监督执法与技术服务

（一）水产苗种产地检疫 >>>>>

为加强水产苗种产地检疫和监督执法，严格控制水生动物疫病传播源头，推动水产养殖业绿色发展，2020年农业农村部全面实施水产苗种产地检疫制度。截至2020年年底，全国累计确认渔业官方兽医7 766名，全年共出具电子《动物检疫合格证明》4 861份，另出具纸质《动物检疫合格证明》2 153份，共检疫苗种433亿余尾（图28）。

图20 水产苗种产地检疫工作座谈会

（二）全国水生动物疾病远程辅助诊断服务 〉〉〉〉〉

"全国水生动物疾病远程辅助诊断服务网"（简称"鱼病远诊网"）全面升级，新版"鱼病远诊网"简化了报告上传流程，实现了线上与专家进行"面对面"沟通交流，自助诊断功能增强；还重新搭建了省级平台，调整并充实了国家级平台和省级平台专家队伍。另外，"鱼病远诊网"推出了手机APP，有效发挥"水产技术推广机构+专家+技术员+企业+渔民"的服务模式，为广大水产养殖从业人员提供更多、更便捷的技术服务（图29）。

图29 新版"鱼病远诊网"运行集中研讨会

（三）技术培训及技术指导 〉〉〉〉〉

2020年，全国水生动物防疫体系共举办省级以上线上、线下技术培训70余次，受训人数约10万人次。另外，农业农村部水产养殖病害防治专家委员会专家、国家水生动物疫病监测首席专家等坚持深入生产一线，开展形式多样的技术培训和技术指导。专家共开展技术培训60余次，受训人数达28万余人次，现场技术指导140余次，发放疫病防控相关宣传资料6万余份。另外，对虾相关疫病首席专家团队还联合亚太水产养殖中心网（NACA）举办了一期以"水产养殖生物安保"为主题的"一带一路"国家海水养殖技术培训班（图30至图44）。

图30 福建省水产技术推广总站举办水产养殖病情测报及病害防控技术培训班

图31 CEVD首席专家团队在河北唐山发病鲤养殖场现场调查并指导防控

图32　CEVD首席专家团队在北京锦鲤养殖
　　　场开展CEVD综合防控试验

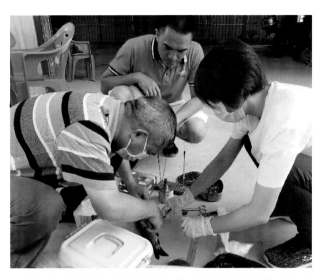

图33　GCHD首席专家团队为养殖户开展水产养殖病害
　　　防治技术服务

图34　GCHD首席专家团队开展技术培训

图35 CHN首席专家团队在四川德阳开展水产养殖病　图36 CHN首席专家团队在湖北洪湖鲫养殖
害防治技术培训　　　　　　　　　　　　　　　　场开展疾病现场诊断技术服务

 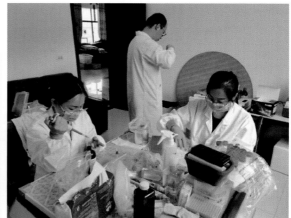

图37 CHN首席专家团队在湖北洪湖开展鱼病现场诊断与病原检查

图38 VNN首席专家团队开展海水鱼病毒性神经坏死病流行病学调查

图39　VNN首席专家团队开展石斑鱼病毒性神经坏死病现场采样

图40　VNN首席专家团队开展大黄鱼、鲈病毒性神经坏死病现场采样

图41　对虾相关疫病首席专家团队举办"虾类疫病诊断能力提升培训班"

图42　对虾相关疫病首席专家团队开展对虾"玻璃苗"新发病病原调查

图43　对虾相关疫病首席专家团队开展对虾"玻璃苗"病害样品采集

图44　对虾相关疫病首席专家团队联合NACA举办以"水产养殖生物安保"为主题的"一带一路"国家海水养殖技术培训班

三、疫病防控体系能力建设

（一）全国水生动物防疫体系建设　>>>>>>

《全国动植物保护能力提升工程建设规划（2017—2025年）》进一步落实，上下贯通、横向协调、运转高效、保障有力的动植物保护体系逐步完善。截至2020年年底，共启动或完成水生动物疫病监测预警能力建设项目34个，列入2021年启动计划的18个，实施率为68%；共启动或完成水生动物防疫技术支撑能力建设项目7个，列入2021年启动计划的有3个，实施率为40%（附录4）。

（二）全国水生动物防疫实验室检测能力验证　>>>>>

为提高水生动物防疫体系能力，2020年农业农村部继续组织开展了水生动物防疫系统实验室检测能力验证。对鲤春病毒血症、锦鲤疱疹病毒病、鲤浮肿病、草鱼出血病、鲫造血器官坏死病、传染性造血器官坏死病、罗非鱼湖病毒病、病毒性神经坏死病、白斑综合征、急性肝胰腺坏死病、虾虹彩病毒病、虾肝肠胞虫病12种疫病病原实验室的检测能力进行验证。全国共有160家单位报名参加，其中，139家单位实验室相应疫病检测项目结果被认可。全国水产技术推广总站针对能力验证过程中出现的技术问题，采取线上、线下相结合的方式，举办了"2020年全国水生动物防疫系统实验室技术培训班"，来自全国水生动物防疫系统实验室的2 000余名技术人员参加了培训（图45、图46）。

图45 2020年全国水生动物防疫系统实验室技术培训班（线下培训现场）

图46 2020年全国水生动物防疫系统实验室技术培训班（各地学员线上培训现场）

（三）水生动物防疫标准化建设　〉〉〉〉〉

2020年，第四届水生动物防疫标准化技术工作组（下称"工作组"）完成了《水生动物RNA病毒核酸检测参考物质质量控制规范　假病毒》《水生动物病原DNA检测参考物质制备和质量控制规范　质粒》2项国家标准，以及《草鱼出血病监测技术规范》《罗非鱼湖病毒监测技术规范》《流行性造血器官坏死病诊断规程》3项水产行业标准的审定；发布了《鱼类免疫接种技术规程》《对虾体内的病毒扩增和保存方法》《虾肝肠胞虫病诊断规程》等13项行业标准。

据初步统计，目前全国现行有效的水生动物防疫相关标准共有274个。其中：国家标准31个，行业标准167个（含农业农村部水产行业标准100个、出入境检验检疫行业标准67个），地方标准76个（附录5）。

第四章 国际交流合作

2020年，我国积极参与推进全球"同一个健康"理念，持续开展水生动物防疫领域国际交流合作，认真履行水生动物卫生领域的国际义务，加强深化与联合国粮食及农业组织（FAO）、世界动物卫生组织（OIE）、亚太水产养殖中心网（NACA）等国际组织和其他国家的交流合作，致力于减少水生动物疾病的全球性传播，共同提升全球水生动物卫生安全。为适应新冠肺炎疫情防控需求，相关国际交流活动均以线上视频会的形式进行。

一、与FAO的交流合作

（一）参加FAO渔业委员会第三十四届会议主题边会 >>>>>

7月，FAO渔业委员会第三十四届会议主题边会"致力于健康水产养殖业发展的创新性生物安保方案"在线举行。会议由FAO伙伴关系司、FAO渔业和水产养殖政策与资源司以及密西西比州立大学（MSU）共同组织，汇集了来自全球100多个国家和地区的听众500多人，覆盖政府行政管理、科研机构、高校、水产养殖业主和民间社会团体等。全国水产技术推广总站派员参加会议，并作了中国水产养殖疾病防控工作报告（图47、图48）。

（二）持续推进PMP/AB项目 >>>>>

"水产养殖生物安保渐进式管理"（PMP/AB）是由FAO和其合作伙伴制定的一项新举措，于2019年8月由FAO渔业委员会水产养殖分委员会第十届会议（COFI/SCA）批准实施。为推动项目的实施，2020年12月，FAO和挪威兽医研究所（NVI）牵头组建了技术工作组，全国水产技术推广总站派员参加了该工作组，参与制定PMP/AB实施方案，共同致力于逐步改善养殖场和国家水平的水生动物卫生状况，降低水生动物疫病全球传播风险。

图47　参加视频会议的专家代表

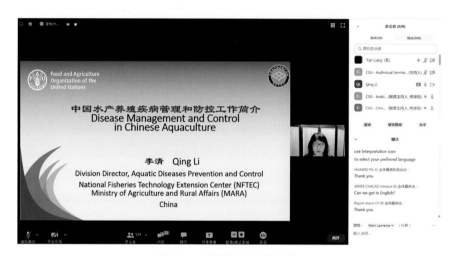

图48　李清研究员作报告

（三）参与新发病风险评估　>>>>>>

2020年9—11月，中国水产科学研究院黄海水产研究所张庆利研究员、邱亮博士作为特邀专家，参与FAO组织的十足目虹彩病毒（DIV1）病风险评估活动，制定风险评估实施方案，分析DIV1传播风险，并对风险管理措施的有效性和可行性进行了评估。

二、与OIE的交流合作

（一）积极履行会员国义务　>>>>>

2020年，我国准确向OIE通报水生动物疫情信息，并参加OIE举办的相关会议和活动。3月，OIE水生动物卫生标准委员会委员、深圳海关刘荭研究员，以及OIE参考实验室专家代表参加了"OIE水生动物卫生区域协作框架指导委员会"视频会议（图49）。会议交流了"OIE水生动物卫生区域协作框架"进展情况，并对对虾急性肝胰腺坏死病（AHPND）病原鉴别、全基因组测序（WGS）检测方法、虾肝肠胞虫病（EHP）流行病学和监测等热点问题进行了讨论。

图49　参会代表参加OIE视频会议

8月，全国水产技术推广总站派员参加了OIE亚太区组织召开的十足目虹彩病毒病视频研讨会并作报告，介绍我国十足目虹彩病毒病防控经验。各国与会代表对十足目虹彩病毒病现状、影响、风险管理措施和早期检测手段等信息进行了交流，并商讨了适合在东南亚区域层面采取的防控措施和开展的合作等。

8月，OIE水生动物卫生标准委员会委员、深圳海关刘荭研究员参加了OIE水生动物卫生标准委员会线上视频会议。会议交流了委员会工作进展及下一步规划。会议还对《水生动物卫生法典》《水生动物诊断试验手册》等20余项修订内容进行了详细讨论和评估。

（二）积极参与OIE水生动物卫生标准制修订　>>>>>>

2020年，我国参加了OIE组织召开的亚太区水生动物卫生标准委员会视频会议，积极跟踪参与国际水生动物卫生标准的制（修）订工作进展，组织专家对OIE《水生动物卫生法典》《水生动物诊断试验手册》相关修订内容进行评议，并向OIE提交有关评议意见和建议。

（三）积极履行OIE参考实验室职责　>>>>>

经OIE水生动物专业委员会评估，我国OIE参考实验室专家变更申请获得批准。中国水产科学研究院黄海水产研究所张庆利研究员任OIE WSD参考实验室指认专家，中国水产科学研究院黄海水产研究所杨冰副研究员任OIE IHHN参考实验室指认专家。

中国水产科学研究院黄海水产研究所OIE参考实验室与印度尼西亚海洋与渔业部鱼类检疫检验局（FQIA）标准化体系与规则中心的结对项目（执行期为2019—2021年）得到稳定推进；2020年10月，开展了实验室检测技术线上培训，讲授了白斑综合征病毒和传染性皮下及造血组织坏死病毒的荧光定量检测法检测技术，并进行了快速检测试剂盒操作演示（图50）；12月，召开了项目年度线上总结会，相关工作获得OIE秘书处的肯定，体现了我国OIE参考实验室在亚太区域的认可度和综合能力。

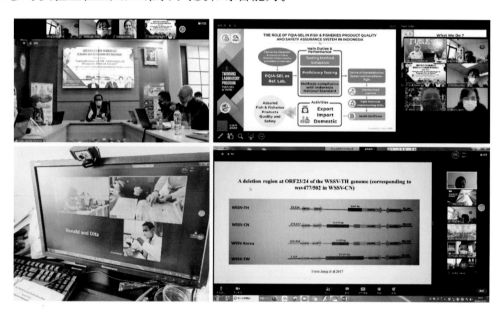

图50　线上培训交流

三、与NACA的交流合作

中国水产科学研究院黄海水产研究所张庆利研究员被指定为NACA偷死野田村病毒病（VCMD）诊断专家，起草修订该病的疾病诊断卡。

9月，农业农村部2020年"扬帆出海"人才培训工程——"一带一路"国家海水养殖技术培训班成功举办。该培训班由农业农村部国际合作司和NACA主办，中国水产科学研究院黄海水产研究所、农业农村部"一带一路"海水养殖技术培训基地和NACA秘书处承办。我国多名水生动物防疫领域专家授课。

9月，我国OIE WSD参考实验室和IHHN参考实验室参加了由NACA和澳大利亚联邦科学与工业研究协会（CSIRO）组织的亚太地区水生动物国际性实验室能力验证，完成了对WSSV、IHHNV、TSV、IMNV、YHV和AHPND等6种甲壳类动物病原的测试。参加该项目充分检验了我国OIE参考实验室在国际对虾疫病诊断领域的技术水平，为国内水生动物防疫体系能力建设提供了技术支撑。

　　11月，NACA组织召开的第19次亚洲区域水生动物卫生咨询组会议（AGM19）在线举行。会议议题包括十足目虹彩病毒病防控、耐药性（AMR）调查、PMP/AB项目和亚太区水生动物卫生区域合作框架等。我国与会代表积极参与会议交流，介绍我国水生动物疫病防控工作，推进国家水生动物卫生状况透明化。

　　12月，农业农村部2020年"一带一路"国家海水养殖技术培训班（二期）成功举办（图51）。该培训班以"水产养殖生物安保"为主题，推动和宣贯FAO倡导的PMP/AB管理途径、OIE《水生动物卫生法典》生物安保技术规范等，对促进全球水产养殖的健康可持续发展和实现联合国2030年可持续发展目标具有重要意义。

图51　培训班开班仪式

第五章　水生动物疫病防控体系

一、水生动物疫病防控机构和组织

国家机构改革进一步深化，水生动物疫病防控体系进一步调整。

（一）水生动物疫病防控行政管理机构　>>>>>

依照《中华人民共和国动物防疫法》（2021年5月1日起实施，下同），国务院农业农村主管部门主管全国的动物防疫工作。县级以上地方人民政府农业农村主管部门主管本行政区域的动物防疫工作。县级以上人民政府其他有关部门在各自职责范围内做好动物防疫工作。军队动物卫生监督职能部门负责军队现役动物和饲养自用动物的防疫工作。国务院农业农村主管部门和海关总署等部门应当建立防止境外动物疫病输入的协作机制。

农业农村部内设渔业渔政管理局，组织水生动植物疫病监测防控，承担水生动物防疫检疫相关工作，监督管理水产养殖用兽药使用和残留检测等。

中华人民共和国海关总署内设动植物检疫司，承担出入境动植物及其产品的检验检疫、监督管理工作。

（二）水生动物卫生监督机构　>>>>>

依照《中华人民共和国动物防疫法》，县级以上地方人民政府的动物卫生监督机构依照本法规定，负责动物、动物产品的检疫工作。

目前，除江苏省设有水生动物卫生监督所外，其他省市承担水生动物、水生动物产品的检疫职责的机构名称不完全一致，有渔业行政部门、渔业执法部门、水生动物疫控部门、技术推广部门等，这些具有水生动物、水生动物产品的检疫职责的机构形成了我国水生动物卫生监督体系。

（三）水生动物疫病预防控制机构　>>>>>>

依照《中华人民共和国动物防疫法》，县级以上人民政府按照国务院的规定，根据统筹规划、合理布局、综合设置的原则建立动物疫病预防控制机构。动物疫病预防控制机构承担动物疫病的监测、检测、诊断、流行病学调查、疫情报告以及其他预防、控制等技术工作；承担动物疫病净化、消灭的技术工作。

1. 国家水生动物疫病预防控制机构

全国水产技术推广总站是农业农村部直属事业单位，承担国家水生动物疫病监测、流行病学调查、突发疫情应急处置和卫生状况评估，组织开展全国水产养殖动植物病情监测、预报和预防，组织开展防疫标准制修订工作等工作。

2. 省级水生动物疫病预防控制机构

天津市和广东省动物疫病预防控制中心同时承担水生和陆生动物疫病预防控制机构职责；北京、河北、内蒙古、吉林、黑龙江、江苏、浙江、福建、湖南、重庆、陕西、甘肃、青海、宁夏、新疆等15省（自治区、直辖市）和新疆生产建设兵团，以及宁波、深圳2个计划单列市，是在水产技术推广机构加挂了水生动物疫病预防控制机构牌子；湖北是在水产科研机构加挂了水生动物疫病预防控制机构牌子；海南省由水产品质量安全检测中心承担水生动物疫病预防控制机构职能；上海、安徽、江西、河南、贵州、云南等7省（直辖市），以及大连、青岛、厦门等3个计划单列市分别是水产技术推广机构或水产科研机构具有水生动物疫病预防控制机构职责；辽宁、山东、广西3省（自治区）是水产技术推广机构、水产科研机构等多家机构共同承担水生动物疫病预防控制机构职责；山西省是农业农村厅具有水生动物疫病预防控制机构职能；四川省水产局具有水生动物疫病预防控制机构职责（附录6）。

除四川省和新疆生产建设兵团以外，其他28个省（自治区、直辖市）和大连、宁波、厦门、深圳等4个计划单列市均建设了水生动物疫病监测预警实验室。

3. 地（市）级和县（市）级水生动物疫病预防控制机构

目前全国有211个地（市）的水产技术推广机构开展了水生动物疾病监测预防相关工作，国家和地方曾依托76个地（市）级水产技术推广机构建设了水生动物疾病监测预警实验室。全国有1 018个县（市）的水产技术推广机构开展了水生动物疾病监测预防相关工作，国家和地方财政曾依托657个县（市）级水产技术推广机构建设了水生动物疾病监测预警实验室（附录7）。

（四）水生动物防疫科研体系　>>>>>>

我国水生动物疫病防控科研体系包括隶属国家部委管理的机构和隶属地方政府管理的

机构。隶属国家部委管理的，目前共有11个科研机构和5个高等院校，它们拥有水生动物疫病防控相关技术专业团队，分别归属农业农村部、中国科学院、自然资源部以及教育部指导管理（表3）；隶属地方政府管理的，多数省份设有水产研究机构，负责开展水生动物疫病防控技术研究相关工作。还有不少地方高校拥有水生动物疫病防控相关技术的研究团队。

表3　隶属国家部委管理的水生动物疫病防控相关科研机构

序号	单位名称		官方网站
1		黄海水产研究所	http://www.ysfri.ac.cn
2		东海水产研究所	http://www.ecsf.ac.cn
3		南海水产研究所	http://www.southchinafish.ac.cn
4	中国水产科学研究院	黑龙江水产研究所	http://www.hrfri.ac.cn
5		长江水产研究所	http://www.yfi.ac.cn
6		珠江水产研究所	http://www.prfri.ac.cn
7		淡水渔业研究中心	http://www.ffrc.cn
8		水生生物研究所	http://www.ihb.ac.cn
9	中国科学院	海洋研究所	http://www.qdio.cas.cn
10		南海海洋研究所	http://www.scsio.ac.cn
11	自然资源部	第三海洋研究所	http://www.tio.org.cn
12		中山大学	http://www.sysu.edu.cn
13		中国海洋大学	http://www.ouc.edu.cn
14	教育部	华中农业大学	http://www.hzau.edu.cn
15		华东理工大学	https://www.ecust.edu.cn
16		西北农林科技大学	https://www.nwafu.edu.cn

　　为提升水生动物疫病的防控技术水平，农业农村部还依托有关单位设立了5个水生动物疫病重点实验室及7个《国家水生动物疫病监测计划》参考实验室。此外，世界动物卫生组织（OIE）认可的参考实验室有4个（表4）。

表4　水生动物疫病重点实验室和OIE参考实验室

序号	实验室名称（疫病领域）	依托单位
1	农业农村部淡水养殖病害防治重点实验室（农办科〔2016〕29号）	中国科学院水生生物研究所
2	海水养殖动物疾病研究重点实验室（发改农经〔2006〕2837号、农计函〔2007〕427号）	中国水产科学研究院黄海水产研究所
3	长江流域水生动物疫病重点实验室（发改农经〔2006〕2837号、农计函〔2007〕427号）	中国水产科学研究院长江水产研究所
4	鲫造血器官坏死病参考实验室（农渔发〔2021〕10号）	

（续）

序号	实验室名称（疫病领域）	依托单位
5	珠江流域水生动物疫病重点实验室（发改农经〔2006〕2837号、农计函〔2007〕427号）	中国水产科学研究院珠江水产研究所
6	草鱼出血病参考实验室（农渔发〔2021〕10号）	
7	农业农村部海水养殖病害防治重点实验室（农办科〔2016〕29号）	中国水产科学研究院黄海水产研究所
8	白斑综合征（WSD）OIE参考实验室（认可年份2011年）	
9	传染性皮下及造血器官坏死病（IHHN）OIE参考实验室（认可年份2011年）	
10	白斑综合征、传染性皮下和造血器官坏死病参考实验室（农渔发〔2021〕10号）	
11	鲤春病毒血症（SVC）OIE参考实验室（认可年份2011年）	深圳海关
12	传染性造血器官坏死病（IHN）OIE参考实验室（认可年份2018年）	
13	鲤春病毒血症参考实验室（农渔发〔2021〕10号）	
14	病毒性神经坏死病参考实验室（农渔发〔2021〕10号）	福建省淡水水产研究所
15	传染性造血器官坏死病、鲤浮肿病参考实验室（农渔发〔2021〕10号）	北京市水产技术推广站
16	锦鲤疱疹病毒病参考实验室（农渔发〔2021〕10号）	江苏省水生动物疫病预防控制中心

（五）水生动物防疫技术支撑机构 〉〉〉〉〉

1. 渔业产业技术体系

根据农业农村部《关于现代农业产业技术体系"十三五"新增岗位科学家的通知》（农科（产业）函〔2017〕第23号），现代农业产业技术体系中共有6个渔业产业技术体系，分别为大宗淡水鱼、特色淡水鱼、海水鱼、藻类、虾蟹、贝类。每个产业技术体系均设立了疾病防控功能研究室及有关岗位科学家，在病害研究及防控中发挥着重要的技术支撑作用（附录8）。

2. 其他系统相关机构

国家海关系统的出入境检验检疫技术部门，在我国水生动物疫病防控工作中，特别是在进出境水生动物及其产品的监测、防范外来水生动物疫病传入方面，发挥着重要的技术支撑作用。

（六）水生动物医学高等教育体系 〉〉〉〉〉

中国海洋大学、华中农业大学、上海海洋大学、大连海洋大学、广东海洋大学、华南农业大学、集美大学和西北农林科技大学分别设有水生动物医学学科方向的研究生培养体系。上海海洋大学、大连海洋大学、广东海洋大学、集美大学、青岛农业大学和仲恺农业工程学院分别于2012年、2014年、2016年、2017年、2018年、2021年起开设了水生动物医学本科专业并招生。这些高校是我国水生动物防疫工作者的摇篮，也是我国水生动物防疫体系的重要组成部分。

（七）专业技术委员会 〉〉〉〉〉

1. 农业农村部水产养殖病害防治专家委员会

根据《农业部关于成立农业部水产养殖病害防治专家委员会的通知》（农渔发〔2012〕12号），农业农村部水产养殖病害防治专家委员会（以下简称"水产病害专家委"）于2012年成立，秘书处设在全国水产技术推广总站。2017年，换届成立了第二届水产病害专家委（农渔发〔2017〕44号），共有委员37名（附录9），分设海水鱼组、淡水鱼组和甲壳类贝类组3个专业工作组。水产病害专家委主要职责是：对国家水产养殖病害防治和水生动物疫病防控相关工作提供决策咨询、建议和技术支持；参与全国水产养殖病害防治和水生动物疫病防控工作规划及水生动物疫病防控政策制订；突发、重大、疑难水生动物疫病的诊断、应急处置及防控形势会商；国家水生动物卫生状况报告、技术规范、标准等技术文件审定；无规定疫病苗种场的评估和审定；国内外水生动物疫病防控学术交流与合作等。

2. 全国水产标准化委员会水生动物防疫标准化技术工作组

根据《关于成立水生动物防疫标准化技术工作组的通知》（农渔科函〔2001〕126号），全国水生动物防疫标准化技术工作组（以下简称"水生防疫工作组"）于2001年成立，秘书处设在全国水产技术推广总站。2018年，换届成立了第四届水生防疫工作组（农渔科函〔2018〕84号），共有委员29名。目前，该工作组秘书处正在通过全国水产标准化技术委员会，向国家标准化委员会申请成立全国水产标准化技术委员会水产养殖病害防治分技术委员会。分技术委员会成立后，将替代水生防疫工作组承担以下职责：提出水生动物防疫标准化工作的方针、政策及技术措施等建议；组织编制水生动物防疫标准制（修）订计划，组织起草、审定和修订水生动物防疫国家标准、行业标准；负责水生动物防疫标准的宣传、释义和技术咨询服务等工作；承担水生动物防疫标准化技术的国际交流和合作等。

二、水生动物疫病防控队伍

（一）渔业官方兽医队伍 〉〉〉〉〉

水产苗种产地检疫制度进一步落实，至2020年年底，全国累计确认渔业官方兽医7 766名。

（二）渔业执业兽医队伍　〉〉〉〉〉

2020年，全国水生动物类执业兽医资格考试未组织。全国水生动物类执业兽医人数与2019年相同，累计通过水生动物类执业兽医资格考试的人员为4 957人次。通过执业注册和备案，最终取得水生动物类执业兽医师资格证书的有2 872人（含552名水产高级职称人员直接获得），持执业助理兽医师资格证书的有1 447人，共计4 319人。

（三）水生物病害防治员　〉〉〉〉〉

2020年，渔业行业鉴定水生物病害防治员4 134人次，合格人员3 997人次，其中五级193人次，四级2 862人次，三级942人次，二级0人次。自2001年起至今，已累计鉴定35 707人次，主要分布在基层生产一线、渔业饲料或水产用药生产企业、渔药经营门店、水产技术推广机构、水生动物疫病防控机构及其他渔业相关单位。

第六章 水生动物防疫法律法规体系

一、国家水生动物防疫相关法律法规体系

为维护国家安全，防范和应对生物安全风险，保障人民生命健康，保护生物资源和生态环境，促进生物技术健康发展，推动构建人类命运共同体，实现人与自然和谐共生，《中华人民共和国生物安全法》于2020年10月17日由中华人民共和国第十三届全国人民代表大会常务委员会第二十二次会议通过，自2021年4月15日起施行。该法包括总则、生物安全风险防控体制、防控重大新发突发传染病和动植物疫情、生物技术研究和开发与应用安全、病原微生物实验室生物安全、人类遗传资源与生物资源安全、防范生物恐怖与生物武器威胁、生物安全能力建设、法律责任、附则。该法是我国生物安全管理的里程碑，其出台标志着我国生物安全管理水平上升到新的平台。《中华人民共和国动物防疫法》于2021年1月22日进行了第二次修订，并于2021年5月1日起施行。

至此，我国水生动物防疫相关法律已有《中华人民共和国渔业法》《中华人民共和国进出境动植物检疫法》《中华人民共和国农业技术推广法》《中华人民共和国农产品质量安全法》《中华人民共和国动物防疫法》《中华人民共和国生物安全法》等6部，加上《重大动物疫情应急条例》《兽药管理条例》《动物防疫条件审查办法》等国务院相关法规及规范性文件，以及一系列部门规章和规范性文件（表5），水生动物防疫相关法律法规体系进一步完善。

表5 国家水生动物防疫法律法规及规范性文件

分类		名称	施行日期	主要内容
法律法规	法律	中华人民共和国渔业法	1986年7月1日（2013年12月28日修正）	包括总则、养殖业、捕捞业、渔业资源的增殖和保护、法律责任及附则。明确了县级以上人民政府渔业行政主管部门应当加强对养殖生产的技术指导和病害防治工作。同时明确水产苗种的进口、出口必须实施检疫，防止病害传入境内和传出境外。

（续）

分类		名称	施行日期	主要内容
法律法规	法律	中华人民共和国进出境动植物检疫法	1992年4月1日（2009年8月27日修正）	包括总则、进境检疫、出境检疫、过境检疫、携带邮寄物检疫、运输工具检疫、法律责任及附则。明确了国务院设立动植物检疫机关，统一管理全国进出境动植物检疫工作。贸易性动物产品出境的检疫机关，由国务院根据实际情况规定。国务院农业行政主管部门主管全国进出境动植物检疫工作。
		中华人民共和国农业技术推广法	1993年7月2日（2012年8月31日修正）	包括总则、农业技术推广体系、农业技术的推广与应用、农业技术推广的保障措施、法律责任及附则。明确了各级国家农业技术推广机构属于公共服务机构，植物病虫害、动物疫病及农业灾害的监测、预报和预防是各级国家农业技术推广机构的公益性职责。
		中华人民共和国农产品质量安全法	2006年11月1日（2018年10月26日修正）	包括总则、农产品质量安全标准、农产品产地、农产品生产、农产品包装和标识、监督检查、法律责任及附则。明确了县级以上人民政府农业行政主管部门应当采取措施，推进保障农产品质量安全的标准化生产综合示范区、示范农场、养殖小区和无规定动植物疫病区的建设。同时明确了农产品生产企业和农民专业合作经济组织应当建立农产品生产记录，如实记载动物疫病、植物病虫草害的发生和防治情况，依法需要实施检疫的动植物及其产品，应当附具检疫合格标志、检疫合格证明。
		中华人民共和国动物防疫法	2008年1月1日（2021年1月22日第二次修订）	包括总则、动物疫病的预防、动物疫情的报告、通报和公布、动物疫病的控制、动物和动物产品的检疫、病死动物和病害动物产品的无害化处理、动物诊疗、兽医管理、监督管理、保障措施、法律责任及附则。明确了国务院农业农村主管部门主管全国的动物防疫工作，县级以上地方人民政府农业农村主管部门主管本行政区域的动物防疫工作。县级以上人民政府其他有关部门在各自职责范围内做好动物防疫工作。军队动物卫生监督职能部门负责军队现役动物和饲养自用动物的防疫工作。
		中华人民共和国生物安全法	2021年4月15日	包括总则、生物安全风险防控体制、防控重大新发突发传染病、动植物疫情、生物技术研究、开发与应用安全、病原微生物实验室生物安全、人类遗传资源与生物资源安全、防范生物恐怖与生物武器威胁、生物安全能力建设、法律责任及附则。明确了疾病预防控制机构、动物疫病预防控制机构、植物病虫害预防控制机构应当对传染病、动植物疫病和列入监测范围的不明原因疾病开展主动监测，收集、分析、报告监测信息，预测新发突发传染病、动植物疫病的发生、流行趋势。
	国务院法规及规范性文件	兽药管理条例	2004年11月1日（2020年3月27日修订）	包括总则、新兽药研制、兽药生产、兽药经营、兽药进出口、兽药使用、兽药监督管理、法律责任及附则。明确了水产养殖中的兽药使用、兽药残留检测和监督管理以及水产养殖过程中违法用药的行政处罚，由县级以上人民政府渔业主管部门及其所属的渔政监督管理机构负责。

（续）

分类		名称	施行日期	主要内容
法律法规	国务院法规及规范性文件	病原微生物实验室生物安全管理条例	2004年11月12日（2018年4月4日修订）	包括总则、病原微生物的分类和管理、实验室的设立与管理、实验室感染控制、监督管理、法律责任及附则。明确了国务院兽医主管部门主管与动物有关的实验室及其实验活动的生物安全监督工作。
		重大动物疫情应急条例	2005年11月18日（2017年10月7日修订）	包括总则、重大动物疫情的应急准备、重大动物疫情的监测、报告和公布、重大动物疫情的应急处理、法律责任及附则。明确了重大动物疫情应急工作按照属地管理的原则，实行政府统一领导、部门分工负责，逐级建立责任制。县级以上人民政府兽医主管部门具体负责组织重大动物疫情的监测、调查、控制、扑灭等应急工作。县级以上人民政府林业主管部门、兽医主管部门按照职责分工，加强对陆生、野生动物疫源疫病的监测。县级以上人民政府其他有关部门在各自的职责范围内，做好重大动物疫情的应急工作。
		《国务院关于推进兽医管理体制改革的若干意见》（国发〔2005〕15号）	2005年05月14日	明确了兽医管理体制改革的必要性和紧迫性、兽医管理体制改革的指导思想和目标、建立健全兽医工作体系、加强兽医队伍和工作能力建设、建立完善兽医工作的公共财经保障机制、抓紧完善兽医管理工作的法律法规体系、加强对兽医管理体制改革的组织领导七方面内容。
部门规章和规范性文件	应急管理	水生动物疫病应急预案（农办发〔2005〕11号）	2005年7月21日	包括总则、水生动物疫病应急组织体系、预防和预警机制、应急响应、后期处置、保障措施、附则及附录。明确了水生动物疫病预防与控制实行属地化、依法管理的原则。县级以上地方人民政府渔业行政主管部门对辖区内的水生动物疫病防治工作负主要责任，经所在地人民政府授权，可以指挥、调度水生动物疫病控制物质储备资源，组织开展相关工作；严格执行国家有关法律法规，依法对疫病预防、疫情报告和控制等工作实施监管。
	疫病预防与报告	动物防疫条件审查办法	2010年5月1日	包括总则、饲养场和养殖小区动物防疫条件、屠宰加工场所动物防疫条件、隔离场所动物防疫条件、无害化处理场所动物防疫条件、集贸市场动物防疫条件、审查发证、监督管理、罚则及附则。明确了国务院农业部门主管全国动物防疫条件审查和监督管理工作，县级以上地方人民政府兽医主管部门主管本行政区域内的动物防疫条件审查和监督管理工作，县级以上地方人民政府设立的动物卫生监督机构负责本行政区域内的动物防疫条件监督执法工作。
		无规定动物疫病区评估管理办法	2017年5月27日	包括总则、无规定动物疫病区的评估申请、无规定动物疫病区评估、无规定动物疫病区公布及附则。明确了国务院农业部门负责无规定动物疫病区评估管理工作，制定发布《无规定动物疫病区管理技术规范》和无规定动物疫病区评审细则。

（续）

分类		名称	施行日期	主要内容
部门规章和规范性文件	疫病预防与报告	关于印发《水生动物防疫工作实施意见》（试行）通知（国渔养〔2000〕16号）	2000年10月18日	明确了水生动物防疫工作的指导思想、水生动物防疫机构的设置和职责、水生动物防疫工作的对象、水生动物检疫标准及检测技术、水生动物防疫监测、报告和汇总分析、水生动物设病划区管理、地区间引种的风险分析、水生动物防疫技术保障体系建设、水生动物防疫应急计划、水生动物防疫执法人员资格考核和管理、水生动物防疫证章管理、水生动物防疫的收费问题等十二个方面内容。
		一、二、三类动物疫病病种名录（农业部公告第1125号）	2008年12月11日	包括水生动物疫病36种。其中一类疫病2种，二类疫病17种，三类疫病17种。
		中华人民共和国进境动物检疫疫病名录（农业农村部、海关总署公告第256号）	2020年7月3日	包括水生动物疫病43种，均为进境检疫二类疫病。
		农业农村部关于做好动物疫情报告等有关工作的通知（农医发〔2018〕22号）	2018年6月15日	明确了动物疫情报告、通报和公布等工作的职责分工、疫情报告、疫病确诊与疫情认定、疫情通报与公布、疫情举报和核查、其他要求等七方面事项。
		《水产苗种管理办法》	2005年4月1日	包括总则、种质资源保护和品种选育、生产经营管理、进出口管理及附则。明确了县级以上地方人民政府渔业行政主管部门应当加强对水产苗种的产地检疫。
		关于印发《病死及死因不明动物处置办法（试行）》的通知（农医发〔2005〕25号）	2005年10月21日	规定了病死及死因不明动物的处置办法，适用于饲养、运输、屠宰、加工、贮存、销售及诊疗等环节发现的病死及死因不明动物的报告、诊断及处置工作。
	兽药管理	兽药进口管理办法	2007年7月31日（2019年4月25日修订）	包括总则、兽药进口申请、进口兽药经营、监督管理及附则。明确了国务院农业部门负责全国进口兽药的监督管理工作，县级以上地方人民政府兽医行政管理部门负责本行政区域内进口兽药的监督管理工作。
		新兽药研制管理办法	2005年11月1日（2019年4月25日修订）	包括总则、临床前研究管理、临床试验审批、监督管理、罚则及附则。明确了国务院农业部门负责全国新兽药研制管理工作。
	检疫监督管理	动物检疫管理办法	2010年3月1日（2019年4月25日修订）	包括总则、检疫申报、产地检疫、屠宰检疫、水产检疫、动物检疫、检疫审批、检疫监督、罚则及附则。明确了水产苗种产地检疫，由地方动物卫生监督机构委托同级渔业主管部门实施。水产苗种以外的其他水生动物及其产品不实施检疫。
		农业部关于印发《鱼类产地检疫规程（试行）》等3个规程的通知（农渔发〔2011〕6号）	2011年3月17日	规定了鱼类、甲壳类和贝类产地检疫的检疫对象、检疫范围、检疫合格标准、检疫程序、检疫结果处理和检疫记录。适用于中华人民共和国境内鱼类、甲壳类和贝类的产地检疫。

（续）

分类		名称	施行日期	主要内容
	检疫监督管理	出境水生动物检验检疫监督管理办法	2007年10月（2018年4月28日修改）	包括总则、出境水生注册登记、检验检疫、监督管理、法律责任及罚则。明确了海关总署主管全国出境水生动物的检验检疫和监督管理工作。
		进境动物和动物产品风险分析管理规定	2003年2月1日（2018年4月28日修改）	包括总则、进境动物、动物产品、动物遗传物质、动物源性饲料、生物制品和动物病理材料的危害因素确定、风险评估、风险管理、风险交流及附则。明确了海关总署统一管理进境动物、动物产品风险分析工作。
部门规章和规范性文件	实验室与动物诊疗机构管理	高致病性动物病原微生物实验室生物安全管理审批办法	2005年5月20日（2016年5月30日修订）	包括总则、实验室资格审批、实验活动审批、运输审批及附则。明确了国务院农业部门主管高致病性动物病原微生物实验室生物安全管理，县级以上人民政府兽医行政管理部门负责本行政区域内高致病性动物病原微生物实验室生物安全管理工作。
		动物病原微生物分类名录（农业部令2005年第53号）	2005年5月24日	包含水生动物病原微生物22种，均属三类病原微生物。
		农业部关于进一步规范高致病性动物病原微生物实验活动审批工作的通知（农医发〔2008〕27号）	2008年12月12日	明确了高致病动物病原微生物实验活动审批条件、规范高致病性动物病原微生物实验活动审批程序、加强高致病性动物病原微生物实验活动监督管理等三方面内容。
		动物病原微生物菌（毒）种保藏管理办法	2009年1月1日（2016年5月30日修订）	包括总则、保藏机构、菌（毒）种和样本的收集、菌（毒）种和样本的保藏及供应、菌（毒）种和样本的销毁、菌（毒）种和样本的对外交流、罚则及附则。明确了国务院农业部门主管全国菌（毒）种和样本保藏管理工作，县级以上地方人民政府兽医主管部门负责本行政区域内的菌（毒）种和样本保藏监督管理工作。
		检验检测机构资质认定管理办法	2015年8月1日	包括总则、资质认定条件和程序、技术评审管理、检验检测机构从业规范、监督管理、法律责任及罚则。明确了国家质量监督检验检疫总局主管全国检验检测机构资质认定工作。国家认证认可监督管理委员会（以下简称国家认监委）负责检验检测机构资质认定的统一管理、组织实施、综合协调工作。各省、自治区、直辖市人民政府质量技术监督部门（以下简称省级资质认定部门）负责所辖区域内检验检测机构的资质认定工作；县级以上人民政府质量技术监督部门负责所辖区域内检验检测机构的监督管理工作。
		关于印发《国家兽医参考实验室管理办法》的通知（农医发〔2005〕5号）	2005年2月25日	规定了国家兽医参考实验室的职责。明确了国家兽医参考实验室由国务院农业部门指定，并对外公布。
		兽医系统实验室考核管理办法	2010年1月1日	规定了兽医系统实验室考核管理制度。明确了考核承担部门及兽医实验室应当具备的条件。

（续）

分类		名称	施行日期	主要内容
部门规章和规范性文件	执业兽医与乡村兽医管理	执业兽医管理办法	2009年1月1日（2013年12月31日修订）	包括总则、执业兽医资格考试、执业注册和备案、执业活动管理、罚则及附则。明确了国务院农业部门主管全国执业兽医管理工作，县级以上地方人民政府兽医主管部门主管本行政区域内的执业兽医管理工作，县级以上地方人民政府设立的动物卫生监督机构负责执业兽医的监督执法工作。
	健康养殖	《关于加快推进水产养殖业绿色发展的若干意见》（农渔发〔2019〕1号）	2019年1月11日	强调了要加强疫病防控。具体落实全国动植物保护能力提升工程，健全水生动物疫病防控体系，加强监测预警和风险评估，强化水生动物疫病净化和突发疫情处置，提高重大疫病防控和应急处置能力。完善渔业官方兽医队伍，全面实施水产苗种产地检疫和监督执法，推进无规定疫病水产苗种场建设。加强渔业乡村兽医备案和指导，壮大渔业执业兽医队伍。科学规范水产养殖用疫苗审批流程，支持水产养殖用疫苗推广。实施病死养殖水生动物无害化处理。

二、地方水生动物防疫相关法规体系

目前，全国已有19个省（自治区、直辖市）出台了地方动物防疫条例，28个省（自治区、直辖市）以及新疆生产建设兵团、青岛市（计划单列市）出台了水生动物防疫相关办法或相关规范性文件等，对国家相关法律法规进行了补充（表6）。

表6　地方水生动物防疫相关法规及规范性文件

省份	名称	施行日期
北京	北京市动物防疫条例	2014年10月1日
	北京市实施《中华人民共和国渔业法》办法	1991年1月1日
天津	天津市动物防疫条例	2002年2月1日（2004年12月21日修订并施行2010年9月25日第二次修正）
	天津市渔业管理条例	2004年1月1日（2005年9月7日第一次修订，2018年12月14日第二次修订）
河北	河北省动物防疫条例	2002年12月1日
	河北省水产苗种管理办法	2011年10月9日
山西	山西省动物防疫条例	1999年8月16日颁布（2017年9月29日修订，2018年1月1日起施行）
内蒙古	内蒙古自治区动物防疫条例	2014年12月1日施行

（续）

省份	名称	施行日期
辽宁	辽宁省水产苗种管理条例	2006年1月1日
	辽宁省水产苗种检疫实施办法	2006年4月1日
	辽宁省无规定动物疫病区管理办法	2003年9月8日 （2011年2月20日修订并施行）
吉林	吉林省水利厅关于印发《吉林省水生动物防疫工作实施细则》（试行）的通知	2001年11月14日
	吉林省渔业管理条例	2005年12月1日
	吉林省无规定动物疫病区建设管理条例	2011年8月1日
黑龙江	黑龙江省动物防疫条例	2001年3月1日颁布 （2017年1月1日修订并施行）
上海	上海市动物防疫条例	2006年3月1日
江苏	江苏省动物防疫条例	2013年3月1日
	江苏省水产种苗管理规定	1999年05月31日颁布（2006年11月20日修订并施行）
浙江	浙江省动物防疫条例	2011年3月1日
	浙江省水产苗种管理办法	2001年4月25日
	关于水生动物检疫有关问题的通知	2011年5月19日
	关于做好渔业官方兽医资格确认工作的通知	浙农渔发〔2020〕10号
	关于印发《浙江省水产苗种产地检疫暂行办法》的通知	浙农渔发〔2021〕3号
安徽	《关于做好2017年度新增、变更、注销、撤销官方兽医及首批渔业官方兽医工作的通知》（皖农办牧〔2018〕39号）	2018年4月11日
福建	福建省实施《中华人民共和国渔业法》办法	1998年3月10日（2007年3月28日修订，2019年11月27日第6次修正）
	福建省重要水生动物苗种和亲体管理条例	1998年9月25日（2010年7月30日修正）
	福建省动物防疫和动物产品安全管理办法	2002年01月15日
	福建省海洋与渔业厅突发水生动物疫情应急预案	2012年12月5日
	福建省水产苗种产地检疫暂行办法	2020年12月15日
江西	江西动物防疫条例	2013年5月1日
	江西省水产种苗管理条例	1998年8月21日 （2010年9月17日第一次修正，2018年5月31日第二次修正）
山东	山东省海洋与渔业厅关于印发《山东省水产苗种产地检疫试行办法》的通知（鲁海渔〔2018〕193号）	2018年10月13日
	山东省农业农村厅关于印发《山东省水生动物疫病应急预案》的通知（鲁农渔字〔2020〕72号）	2020年11月3日

（续）

省份	名称	施行日期
湖北	湖北省水产苗种产地检疫工作方案	2019 年 5 月 22 日
	湖北省水产苗种管理办法	2008 年 6 月 10 日
	湖北省动物防疫条例	2011 年 10 月 1 日
湖南	湖南省水产苗种管理办法	2003 年 8 月 1 日
广东	关于切实做好水产苗种产地检疫工作的通知	粤海渔函〔2011〕744 号
	关于做好水产苗种产地检疫委托事宜的通知	2011 年 8 月 30 日
	广东省水产品质量安全管理条例	2017 年 9 月 1 日
	广东省动物防疫条例	2002 年 1 月 1 日 （2016 年 12 月 1 日修订并施行）
广西	广西壮族自治区水产畜牧兽医局关于进一步加强全区水产苗种产地检疫工作的通知	2013 年 4 月 28 日
	广西壮族自治区水产苗种管理办法	1994 年 12 月 15 日（1997 年 12 月 25 日第一次修正，2004 年 6 月 29 日第二次修正，2018 年 8 月 9 日第三次修正）
	广西壮族自治区动物防疫条例	2013 年 1 月 1 日
海南	海南省无规定动物疫病区管理条例	2007 年 3 月 1 日
重庆	重庆市动物防疫条例	2013 年 10 月 1 日
四川	四川省水利厅 关于印发《四川省水生动物防疫检疫工作实施意见》的通知	2002 年 11 月 6 日
	四川省水产种苗管理办法	2002 年 1 月 1 日
	四川省无规定动物疫病区管理办法	2012 年 3 月 1 日
贵州	贵州省动物防疫条例	2005 年 1 月 1 日 （2018 年 1 月 1 日修改并施行）
云南	云南省动物防疫条例	2003 年 9 月 1 日
陕西	陕西省水产种苗管理办法	2001 年 7 月 14 日 （2014 年 3 月 1 日修订并施行）
甘肃	甘肃省动物防疫条例	2014 年 1 月 1 日
青海	青海省动物防疫条例	2017 年 3 月 1 日
	关于印发青海省鲑鳟鱼传染性造血器官坏死病疫情应急处置规范的通知（青农渔〔2019〕159 号）	2019 年 6 月 12 日
	青海省农牧厅关于加强水产苗种引进和检疫工作的通知	2013 年 12 月 2 日

（续）

省份	名称	施行日期
宁夏	宁夏回族自治区动物防疫条例	2003年6月1日 （2012年8月1日修改并施行）
	宁夏回族自治区无规定动物疫病区管理办法	2014年3月1日
新疆	新疆维吾尔自治区水生动物防疫检疫办法	2013年3月1日
青岛	青岛市水产苗种管理办法	青岛市人民政府令第159号 2003年9月11日

附 录

附录1　重要水生动物疫病监测情况汇总表

（1）2020鲤春病毒血症监测情况

省份	监测养殖场点（个）									病原学检测												检测结果		
	区（县）数	乡（镇）数	国家级原良种场	省级原良种场	苗种场	观赏鱼养殖场	成鱼养殖场	监测养殖点合计	其中（批次）											抽样样品总数（批次）	阳性样品总数	阳性样品率（%）	阳性品种	阳性样品处理措施
									国家级原良种场		省级原良种场		苗种场		观赏鱼养殖场		成鱼养殖场						
									抽样数量	阳性样品数	抽样数量	阳性样品数	抽样数量	阳性样品数	抽样数量	阳性样品数	抽样数量	阳性样品数						
北京	5	13				11	5	16	2	0					16	0	8	0	24	0	0		
天津	6	14	1				19	20			1	0					28	7	30	7	23.3	鲤	CL、M
河北	15	18		1	4	1	24	30					4	0	1	0	24	0	30	0	0		
内蒙古	4	10					15	15									15	1	15	1	6.7	鲤	CL、M
辽宁	5	14		4		3	23	30			4	0			3	1	23	1	30	2	6.7	锦鲤、鲤	CL、M

（续）

省份	监测养殖场点（个） 区（县）数	乡（镇）数	国家级原良种场	省级原良种场	苗种场	观赏鱼养殖场	成鱼养殖场	监测养殖场点合计	病原学检测 其中（批次）国家级原良种场 抽样数量	阳性样品数	省级原良种场 抽样数量	阳性样品数	苗种场 抽样数量	阳性样品数	观赏鱼养殖场 抽样数量	阳性样品数	成鱼养殖场 抽样数量	阳性样品数	抽样总数（批次）	阳性样品总数	检测结果 样品阳性率（%）	阳性品种	阳性样品处理措施
吉林	6	12		10	1		4	15			10	0	1	0			4	0	15	0	0		
黑龙江	5	17		2	4		21	27			2	0	5	0			22	0	29	0	0		
上海	4	4		1	1	3		5			1	0	1	0	3	0			5	0	0		
江苏	16	19		11	1		8	20			18	0	1	0			16	0	35	0	0		
浙江	15	19		1	17	2		20			1	0	26	0	3	0			30	0	0		
安徽	11	29		1	5	9	26	40			5	0	5	0	9	0	26	0	40	0	0		
江西	10	15	1		1	2	16	20	1	0			1	0	2	0	16	0	20	0	0		
山东	15	23		4	12		15	31			4	1	12	0			15	2	31	3	9.7	鲤	CL、M
河南	14	17		2	8	14	1	25			2	0	8	1	14	2	1	1	25	4	16.0	锦鲤、鲤	CL、M
湖北	16	18	1	4	4	4	8	21	1	0	4	3	4	3	4	2	8	2	21	10	47.6	鲤	CL、M
湖南	17	24	1	16	6	2		25	1	0	16	1	6	0	2	1			25	2	8.0	鲤	CL、M
重庆	6	11	1	2	7		7	17	1	0	5	0	7	0	2	0	7	0	20	0	0		
四川	10	14	1	1	9		10	20	1	0	1	0	9	0	1	0	10	0	20	0	0		
陕西	8	10	1	1	2	1	5	10	1	0	1	0	2	0	1	0	5	0	20	1	10.0	锦鲤	CL、M
宁夏	3	5	1	4		1		5	1	1	4	0	2	0	1	0	5	0	5	1	20.0	鲤	CL、M
合计	191	306	7	64	82	52	207	412	8	0	74	6	92	4	58	6	228	15	460	31	6.7		

注：阳性处理措施 消毒——CL；监控——M；免疫接种——Z；分区隔离——S；全群扑杀——Gsu；专项调查——Tsu；移动控制——Qi；全面监测——Gsu；治疗——V；其他措施——O；未采取任何措施——N。下同。

（2）2020年锦鲤疱疹病毒监测情况

地区	区（县）数	乡（镇）数	检测养殖场点（个）国家级原种良种场	省级原良种场	苗种场	观赏鱼养殖场	成鱼养殖场	监测养殖场点合计	国家级原良种场 抽样数量	国家级原良种场 阳性样品数	省级原良种场 抽样数量	省级原良种场 阳性样品数	其中（批次）苗种场 抽样数量	苗种场 阳性样品数	观赏鱼养殖场 抽样数量	观赏鱼养殖场 阳性样品数	成鱼养殖场 抽样数量	成鱼养殖场 阳性样品数	抽样总数（批次）	阳性样品总数	样品阳性率（%）	阳性品种	阳性样品处理措施
北京	5	12				19	1	20							22	0	1	0	23	0	0		
天津	4	14				1	29	30							1	0	29	5	30	5	16.7	锦鲤	CL，M
河北	16	19		1	4	1	19	25			1	0	4	0	1	0	19	5	25	5	20.0	鲤	CL，M
内蒙古	3	6	1				18	18	1	0							19	0	20	0	0		
辽宁	3	10		1		3	16	20			1	0			3	0	16	0	20	0	0		
吉林	8	16		11	4	1	4	20			11	0	4	0	1	1	4	0	20	1	5.0	锦鲤	CL，M
黑龙江	3	4			1		10	11					1	0			10	0	11	0	0		
江苏	3	6				1	6	7							1	0	9	0	10	0	0		
浙江	15	19		1	17	2		20			1	0	17	0	2	0			20	0	0		
安徽	8	31			5	5	35	45					5	0	5	0	35	0	45	0	0		
江西	10	12	1		1	1	12	15	1	0			1	0	1	0	12	0	15	0	0		
山东	8	12		1	9	2	3	15			1	0	9	0	2	0	3	0	15	0	0		
湖南	16	20	1	14	5			20	1	0	14	0	5	0					20	0	0		
广东	6	6				9	2	11							18	0	7	0	25	0	0		
重庆	2	2		1	5		1	7			4	0	5	0			1	0	10	0	0		
四川	10	13			7		8	15			1	0	8	0			7	0	16	0	0		
陕西	4	5				3	1	5							3	0	1	0	5	0	0		
甘肃	4	5	1	2	2		12	15	1	0	2	0	1	0			12	0	15	0	0		
宁夏	3	5	1	4		1		5	1	0	4	0							5	0	0		
合计	131	217	3	37	59	48	177	324	5	0	40	0	60	0	60	1	185	10	350	11	3.1		

（3）2020年草鱼出血病监测情况

省份	监测养殖场点（个）								病原学检测											检测结果			
	区（县）数	乡（镇）数	国家级原良种场	省级原良种场	苗种场	观赏鱼养殖场	成鱼养殖场	监测养殖场点合计	国家级抽样数量	国家级阳性样品数	省级抽样数量	省级阳性样品数	苗种场抽样数量	苗种场阳性样品数	观赏鱼抽样数量	观赏鱼阳性样品数	成鱼抽样数量	成鱼阳性样品数	抽样总数（批次）	阳性样品总数	样品阳性率（%）	阳性品种	阳性样品处理措施
北京	4	5					5	5									6	0	6	0	0		
天津	4	10				1	19	20							1	0	19	0	20	0	0		
河北	14	17			5		20	25					5	0			20	0	25	0	0		
内蒙古	2	3					7	7									10	0	10	0	0		
吉林	5	8		6	3		1	10			6	1	3	2			1	1	10	4	40.0	草鱼	O、N
上海	7	9	1	2	4		3	10	1	0	2	0	4	0			3	1	10	1	10.0	草鱼	O
江苏	6	6	1	2			3	6	1	0			4	0			5	0	10	0	0		
浙江	16	19	1	1	18			20	1	0	1	0	18	0					20	0	0		
安徽	12	31		5	8		32	45			5	0	8	0			32	3	45	3	6.7	草鱼	N
江西	16	28	1	1	10		30	42	1	0	1	1	11	3			32	3	45	7	15.6	草鱼	N
山东	8	9			5		6	11					5	2			6	1	11	3	27.3	草鱼	O、N
湖北	31	37	2	6	8		24	40	2	1	6	4	8	0			24	5	40	10	25.0	草鱼	CL、O、N
湖南	16	20	1	14	5			20	1	0	14	0	5	0					20	0	0		
广东	16	24		2			31	33			5	0					45	15	50	15	30.0	草鱼	CL、O
广西	10	16		4	26		2	30			2	2	26	16			2	0	30	18	60.0	草鱼	O、N
重庆	2	6		1	6		2	10			1	0	6	0			2	0	10	0	0		
四川	9	9			1		9	10					1	0			9	0	10	0	0		
贵州	1	1		4	5			5					5	0					5	0	0		
宁夏	4	4		1			1	5			1	0					1	0	5	0	0		
新疆	5	5		1	1		4	6			1	0	1	0			4	0	6	0	0		
合计	188	267	7	49	105	1	198	360	7	1	55	8	106	23	1	0	219	29	388	61	15.7		

（4）2020年传染性造血器官坏死病监测情况

省份	监测养殖场点（个）区（县）数	乡（镇）数	国家级原良种场	省级原良种场	苗种场	引育种中心	成鱼养殖场	监测养殖场点合计	病原学检测·其中（批次）国家级原良种场 抽样数量	阳性样品数	省级原良种场 抽样数量	阳性样品数	苗种场 抽样数量	阳性样品数	引育种中心 抽样数量	阳性样品数	成鱼养殖场 抽样数量	阳性样品数	抽样总数（批次）	阳性样品总数	检测结果 样品阳性率（%）	阳性品种	阳性样品处理措施
北京	1	3			2		2	4					3	0			3	0	6	0	0		
河北	8	11		1			19	20			1	0					19	1	20	1	5.0	鳟	CL，M
辽宁	3	7		2	7		11	20			2	0	7	1			11	2	20	3	15.0	鳟	CL，M
吉林	4	4	1	3				4	1	0	4	0							5	0	0		
黑龙江	1	1			1	1		2					2	0	3	0			5	0	0		
山东	6	7			9		3	12					11	0			4	1	15	1	6.7	鳟	CL，M
云南	3	6		1	3		6	10			1	0	3	0			6	0	10	0	0		
陕西	5	5					5	5									5	0	5	0	0		
甘肃	6	8	1				13	14	1	0							24	6	25	6	24.0	鳟	CL，M
青海	11	18			3		22	25					15	0			70	0	85	0	0		
新疆	2	3		2			1	3			3	1					2	0	5	1	20.0	鳟	CL，M
合计	50	73	2	9	25	1	82	119	2	0	11	1	41	1	3	0	145	10	201	12	6.0	鳟	CL，M

（5）2020年病毒性神经坏死病监测情况

| 省份 | 监测养殖场点（个） | | | | | | | 病原学检测 — 其中（批次） | | | | | | | | 抽样总数（批次） | 阳性样品总数 | 检测结果 | | |
	区（县）数	乡（镇）数	国家级原良种场	省级原良种场	苗种场	成鱼养殖场	监测养殖场点合计	国家级原良种场 抽样数量	国家级原良种场 阳性样品数量	省级原良种场 抽样数量	省级原良种场 阳性样品数量	苗种场 抽样数量	苗种场 阳性样品数量	成鱼养殖场 抽样数量	成鱼养殖场 阳性样品数量			样品阳性率（%）	阳性品种	阳性样品处理措施
天津	1	3			2	5	7					2	0	8	0	10	0	0		
河北	6	7		2	6	21	29			2	0	6	0	22	0	30	0	0		
浙江	8	13		4		32	36			5	0			35	1	40	1	2.5	鲈（海水）	CL、M
福建	1	2	1			8	9	1	0					9	0	10	0	0		
山东	5	9		7	7	1	15			8	0	11	0	1	0	20	0	0		
广东	6	9		4		23	27			8	1			47	17	55	18	32.7	石斑鱼	CL、M
广西	4	4	1	1	2	13	16	1	0	1	1	5	2	13	4	20	7	35.0	石斑鱼、卵形鲳鲹	CL、M
海南	7	8		3	15	9	28			8	0	15	1	11	0	34	1	2.9	石斑鱼	CL、M
合计	38	55	2	21	32	112	167	2	0	32	2	39	3	146	22	219	27	12.3		

（6）2020年白斑综合征监测情况

省份	监测养殖场点（个）区（县）数	乡（镇）数	国家级原种场	省级原良种场	苗种场	成虾养殖场	监测养殖场点合计	病原学检测 国家级原良种场 抽样数量	国家级原良种场 阳性样品数	省级原良种场 抽样数量	省级原良种场 阳性样品数	苗种场 抽样数量	苗种场 阳性样品数	成虾养殖场 抽样数量	成虾养殖场 阳性样品数	抽样总数（批次）	阳性样品总数	样品阳性率（%）	阳性品种	阳性样品处理措施
天津	7	16			5	27	32					5	0	30	0	35	0	0		
河北	6	12	1	2	14	21	38	1	0	2	1	15	1	22	4	40	6	15.0	凡纳滨对虾（海水）、中国明对虾、日本囊对虾	CL、Z
辽宁	7	8				40	40							40	4	40	4	10.0	凡纳滨对虾（海水）	CL、Z
上海	4	14			3	12	15					3	0	12	0	15	0	0		
江苏	22	38		7	13	35	55			12	0	17	3	36	8	65	11	16.9	中国明对虾、青虾、克氏原螯虾	CL、M、Tsu
浙江	21	33	1	3	43	3	50	1	0	3	0	44	0	3	0	51	0	0		
安徽	10	24		1		45	46			1	1			59	37	60	38	63.3	克氏原螯虾	CL、M、Tsu
福建	11	26		1	19	41	61			1	0	21	0	44	0	66	0	0		
江西	5	9				10	10							10	8	10	8	80.0	克氏原螯虾	CL、M、O
山东	7	14		2	54	2	58			2	0	61	0	2	0	65	0	0		
湖北	16	16	2		1	13	16	2	2			1	1	13	9	16	12	75.0	克氏原螯虾	CL、M、Gsu、Tsu
广东	11	18		17	3	11	31			48	0	5	0	22	1	75	1	1.3	凡纳滨对虾（海水）	CL、M、Gsu、Z、T
广西	12	15	1	3	43	4	51	1	0	3	0	47	0	4	2	55	2	3.6	克氏原螯虾	CL、S、O
海南	8	19	1	5	28	16	50	1	0	8	0	30	0	18	0	57	0	0		
合计	147	262	6	41	226	280	553	6	2	80	2	249	5	315	73	650	82	12.6		

（7）2020年传染性皮下和造血组织坏死病监测情况

省份	检测养殖场点（个）							病原学检测										检测结果	
	区(县)数	乡(镇)数	国家级原良种场	省级原良种场	苗种场	成虾养殖场	监测养殖场点合计	其中（批次）								抽样总数（批次）	阳性样品总数	样品阳性率（%）	阳性品种	阳性样品处理措施
								国家级原良种场		省级原良种场		苗种场		成虾养殖场						
								抽样数量	阳性样品数	抽样数量	阳性样品数	抽样数量	阳性样品数	抽样数量	阳性样品数					
天津	7	16			5	27	32					5	0	30	5	35	5	14.29	凡纳滨对虾（淡水）	CL、M、Gsu、Tsu
河北	6	10	1	2	11	14	28	1	0	3	1	11	1	15	6	30	8	26.7	凡纳滨对虾（海水）、中国明对虾	CL、Z
辽宁	5	6				30	30							30	0	30	0	0		
上海	4	14			3	12	15					3	0	12	1	15	1	6.7	凡纳滨对虾（淡水）	CL、M、Z
江苏	14	26	1	3	8	31	42	1	0	6	0	12	2	32	0	50	2	4.0	凡纳滨对虾（淡水）	CL、M、Tsu
浙江	21	33	1	3	43	3	50	1	0	3	0	44	0	3	0	51	0	0		
安徽	8	19		1		35	36			1	0			39	6	40	6	15.0	克氏原螯虾	CL、M、Tsu
福建	11	26		1	19	41	61			1	0	21	6	44	5	66	11	16.7	凡纳滨对虾（淡水）、凡纳滨对虾（海水）	CL、M
江西	5	9				10	10							10	0	10	0	0		
山东	4	8		1	45	2	48	1	0	1	0	47	3	2	0	50	3	6.0	凡纳滨对虾（海水）	CL、M
湖北	16	16	2		1	13	16	2	0			1	0	13	0	16	0	0		
广东	8	14		16	2	5	23			46	6	3	1	11	7	60	14	23.3	凡纳滨对虾（淡水）、凡纳滨对虾（海水）	CL、M、Gsu、Z、T
广西	12	15	1	3	43	4	51	1	0	3	0	47	2	4	0	55	2	3.6	凡纳滨对虾（海水）	CL、S、O
海南	8	19	1	5	28	16	50	1	0	8	0	30	0	18	0	57	0	0		
合计	129	231	6	35	208	243	492	6	0	72	7	224	15	263	30	565	52	9.2		

附录2　新发病调查情况汇总表

（1）2020年鲫造血器官坏死病调查情况

省份	监测养殖场点（个）								病原学检测　其中（批次）												检测结果		
	区（县）数	乡（镇）数	国家级原良种场	省级原良种场	苗种场	观赏鱼养殖场	成鱼养殖场	监测养殖场点合计	国家级原良种场 抽样数量	国家级原良种场 阳性样品数	省级原良种场 抽样数量	省级原良种场 阳性样品数	苗种场 抽样数量	苗种场 阳性样品数	观赏鱼养殖场 抽样数量	观赏鱼养殖场 阳性样品数	成鱼养殖场 抽样数量	成鱼养殖场 阳性样品数	抽样总数（批次）	阳性样品总数	样品阳性率（%）	阳性品品种	阳性样品处理
北京	3	9				12	3	15							19	3	3	0	22	3	13.6	金鱼	CL, M
天津	6	11	1				19	20	1	0							19	0	20	0	0		
河北	13	18			7		23	30					7	0			23	1	30	1	3.3	鲫	CL, M
吉林	2	5		5				5			5	0							5	0	0		
上海	9	16	1	4	5		10	20	1	0	4	0	5	0			10	1	20	1	5.0	鲫	CL, M
江苏	6	6	1	1			8	10	1	0	1	0					8	0	10	0	0		
浙江	14	18		1	17			20			1	0	17	0	1	0			20	0	0		
安徽	10	25		2	11	1	27	40			2	0	11	0			27	0	40	0	0		
江西	16	26	1	4	9		18	32	1	0	5	2	10	2			19	1	35	5	14.3	鲫	CL, M
山东	4	4			1		4	5					1	0			4	0	5	0	0		
河南	10	11		3	5	1	6	15	1	0	3	0	5	0			6	0	15	0	0		
湖北	27	29	2	7	6		15	30	2	0	7	0	6	0			15	1	30	1	3.3	鲫	CL, M
湖南	15	20	1	13	6			20			13	0	6	0					20	0	0		
四川	9	13			9		6	15					9	0			6	0	15	0	0		
甘肃	3	4		1			4	5			1	0					4	0	5	0	0		
合计	147	215	7	41	76	14	144	282	8	0	42	2	77	2	21	3	144	4	292	11	3.8	鲫	CL, M

（2）2020年鲤浮肿病调查情况

省份	监测养殖场点（个）								病原学检测												检测结果		
	区（县）数	乡（镇）数	国家级原良种场	省级原良种场	苗种场	观赏鱼养殖场	成鱼养殖场	监测养殖场点合计	其中（批次）										抽样总数（批次）	阳性样品总数	样品阳性率（%）	阳性品种	阳性处理措施
									国家级原良种场		省级原良种场		苗种场		观赏鱼养殖场		成鱼养殖场						
									抽样数量	阳性样品数	抽样数量	阳性样品数	抽样数量	阳性样品数	抽样数量	阳性样品数	抽样数量	阳性样品数					
北京	5	12				19	1	20							22	4	1	0	23	4	17.4	锦鲤	CL，Tsu
天津	6	15	1				22	23	1	0							24	4	25	4	16.0	锦鲤	CL，Tsu
河北	15	18		1	4	1	19	25			1	0	4	1	1	0	19	0	25	1	4.0	鲤	M，Gsu，Tsu
内蒙古	4	13					18	18									21	2	21	2	9.5	鲤	CL，Tsu
辽宁	3	10		1		3	16	20			1	0			3	0	16	0	20	0	0		
吉林	8	16		11	4	1	4	20			11	0	4	0	1	0	4	0	20	0	0		
黑龙江	2	3		1	1		9	10			1	0	1	0			9	0	10	0	0		
上海	4	4		1	1	3		5			1	0	1	0	3	0			5	0	0		
江苏	3	6				1	6	7							1	0	9	0	10	0	0		
浙江	15	19		1	17	2		20			1	0	17	0	2	0			20	0	0		
安徽	3	15				6	14	20							6	0	14	0	20	0	0		
江西	10	12				1	14	15							1	0	14	0	15	0	0		
河南	14	18			8	13	4	25					8	0	13	0	4	1	25	1	4.0	鲤	CL，M

（续）

省份	监测养殖场点（个）								病原学检测 其中（批次）												检测结果		
	区（县）数	乡（镇）数	国家级原良种场	省级原良种场	苗种场	观赏鱼养殖场	成鱼养殖场	监测养殖场点合计	国家级原良种场 抽样数量	阳性样品数	省级原良种场 抽样数量	阳性样品数	苗种场 抽样数量	阳性样品数	观赏鱼养殖场 抽样数量	阳性样品数	成鱼养殖场 抽样数量	阳性样品数	抽样总数（批次）	阳性样品总数	样品阳性率（%）	阳性品种	阳性处理措施
湖北	17	19	1	4	4	4	12	25	1	0	5	0	4	0	4	0	12	0	26	0	0		
湖南	13	15	1	12	2			15	1	0	12	1	2	0					15	1	6.7	鲤	CL
广东	6	6				9	2	11							18	2	7	1	25	3	12.0	锦鲤、鲤	CL
重庆	2	5		1			6	7			3	0					7	0	10	0	0		
四川	10	13			7		8	15					7	0			8	2	15	2	13.3	鲤	CL、Tsu、Qi
贵州	1	1	1		5			5	1	0			5	0					5	0	0		
陕西	4	5	1	1			3	5	1	0	1	0					3	0	5	0	0		
甘肃	4	6	1	1	2		12	15	1	0	1	0	2	0			12	0	15	0	0		
宁夏	3	5	1	4				5	1	0	4	0							5	0	0		
合计	152	236	5	38	55	63	170	331	5	0	41	1	55	1	75	6	184	10	360	18	5.0		

（3）2020虾肝肠胞虫病调查情况

省份	监测养殖场点（个）							病原学检测													
	区（县）数	乡（镇）数	国家级原良种场	省级原良种场	苗种场	成虾养殖场	监测养殖场点合计	其中（批次）								抽样总数（批次）	阳性样品总数	样品阳性率（%）	检测结果	
								国家级原良种场		省级原良种场		苗种场		成虾养殖场					阳性品种	阳性样品处理措施
								抽样数量	阳性样品数	抽样数量	阳性样品数	抽样数量	阳性样品数	抽样数量	阳性样品数					
天津	4	10				17	17							20	0	20	0	0		
河北	3	13		1	1	18	20			1	0	1	1	18	15	20	16	80.0	凡纳滨对虾（淡水）、凡纳滨对虾（海水）	CL、Z
辽宁	5	8				30	30							30	14	30	14	46.7	凡纳滨对虾（淡水）、凡纳滨对虾（海水）	CL、Z
江苏	1	3			35		35					35	0			35	0	0		
浙江	21	33	1	3	43	3	50	1	0	3	0	44	1	3	0	51	1	2.0	凡纳滨对虾（淡水）	CL、M
安徽	2	5				10	10							15	0	15	0	0		
山东	1	2			20		20					20	0			20	0	0		
广东	8	11		15	2	2	19			16	2	2	0	2	0	20	2	10.0	凡纳滨对虾（淡水）、凡纳滨对虾（海水）	CL、M、Gsu、Z、T
海南	4	8		4	15		19			5	1	16	0			21	1	4.8	凡纳滨对虾（海水）	CL、Tsu、O、Z
合计	49	93	1	23	116	80	220	1	0	25	3	118	2	88	29	232	34	14.7		

（4）2020虾虹彩病毒病调查情况

省份	监测养殖场点（个）							病原学检测											检测结果	
	区（县）数	乡（镇）数	国家级原良种场	省级原良种场	苗种场	成虾养殖场	监测养殖场合计	其中（批次）								抽样总数（批次）	阳性样品总数	样品阳性率（%）	阳性品种	阳性样品处理措施
								国家级原良种场		省级原良种场		苗种场		成虾养殖场						
								抽样数量	阳性样品数	抽样数量	阳性样品数	抽样数量	阳性样品数	抽样数量	阳性样品数					
天津	7	16			5	27	32					5	0	30	0	36	0	0		
河北	4	15		1	5	27	33			1	0	6	0	28	0	35	0	0		
辽宁	6	10				35	35							35	0	35	0	0		
江苏	1	3			35		35					35	0			35	0	0		
浙江	21	33	1	3	43	3	50	1	0	3	0	44	8	3	2	51	10	19.6	凡纳滨对虾（淡水）、凡纳滨对虾（海水）	CL、M
江西	5	11				15	15							15	15	15	15	100	克氏原螯虾	CL、M、O
山东	4	8		1	45	2	48			1	0	47	0	2	0	50	0	0		
广东	8	11		15	2	2	19			16	0	2	0	2	0	20	0	0		
海南	4	8		4	15		19			5	0	16	1			21	1	4.8	凡纳滨对虾（海水）	CL、Tsu、O
合计	60	115	1	24	150	111	286	1	0	26	0	155	9	115	17	297	26	8.8		

（5）急性肝胰腺坏死病调查情况

省份	监测养殖场点（个）							病原学检测											检测结果	
	区（县）数	乡（镇）数	国家级原良种场	省级原良种场	苗种场	成虾养殖场	监测养殖场点合计	其中（批次）								抽样总数（批次）	阳性样品总数	阳性样品率（%）	阳性品种	阳性样品处理措施
								国家级原良种场		省级原良种场		苗种场		成虾养殖场						
								抽样数量	阳性样品数	抽样数量	阳性样品数	抽样数量	阳性样品数	抽样数量	阳性样品数					
天津	7	16	0		5	27	32					5	0	30	1	35	1	2.9	凡纳滨对虾（淡水）	CL、M、Gsu、Tsu
河北	4	15	0	1	6	26	33			1	0	7	2	27	2	35	4	11.4	凡纳滨对虾（淡水）、凡纳滨对虾（海水）	CL、Z
辽宁	6	10				35	35							35	3	35	3	8.6	凡纳滨对虾（淡水）、凡纳滨对虾（海水）	CL、Z
江苏	1	3			35		35					35	0			35	0	0		
安徽	2	5				10	10							20	0	20	0	0		
江西	5	11				15	15							15	0	15	0	0		
山东	4	8		1	45	2	48			1	0	47	2	2	0	50	2	4.0	凡纳滨对虾（淡水）、凡纳滨对虾（海水）	CL、M、Tsu
广东	8	11		15	2	2	19			16	2	2	0	2	0	20	2	10.0	凡纳滨对虾（淡水）、凡纳滨对虾（海水）	CL、M、Gsu、Z、T
海南	4	8		4	15		19			5	0	16	0			21	0	0		
总计	41	87	0	21	108	117	246	0	0	23	2	112	4	131	6	266	12	4.5		

（6）2020年传染性胰脏坏死病调查情况

省份	监测养殖场点（个）区（县）数	乡（镇）数	国家级原良种场	省级原良种场	苗种场	引育种中心	成鱼养殖场	监测养殖场点合计	病原学检测 其中（批次）国家级原良种场 抽样数量	国家级原良种场 阳性样品数	省级原良种场 抽样数量	省级原良种场 阳性样品数	苗种场 抽样数量	苗种场 阳性样品数	引育种中心 抽样数量	引育种中心 阳性样品数	成鱼养殖场 抽样数量	成鱼养殖场 阳性样品数	抽样总数（批次）	阳性样品总数	样品阳性率（%）	检测结果 阳性品种	阳性样品处理措施
北京	1	3			2		2	4					3	1			3	0	6	1	16.7	虹鳟	CL，M
河北	8	11		1			19	20	1	0	1	0					19	0	20	0	0		
吉林	4	4	1	3				4	1	0	4	0					0	0	5	0	0		
黑龙江	1	1			1	1		2					2	0	3	0	0	0	5	0	0		
甘肃	5	5	1		2		3	6	14	0			5	2			6	3	25	5	20.0	虹鳟	CL，M
青海	10	17			3		21	24	15	0			10	0			79	9	89	9	10.1	虹鳟	CL，M，Tsu
合计	29	41	2	4	8	1	45	60	15	0	5	0	20	3	3	0	107	12	150	15	10		

附录3　2020年获得奖励的部分水生动物防疫技术成果

科技奖励		
序号	项目名称	奖励等级
1	淡水鱼类嗜水气单胞菌败血症免疫防控技术关键及产业化应用	第五届中国水产学会范蠡科学技术奖，科技进步类二等奖
2	冷水性养殖鱼类重要疫病防控新技术研究与应用	
3	水生动物重要病毒病细胞系、高效单抗和检测试剂盒的创制与应用	
4	江苏水产养殖病害测报及防控技术研究与应用	
5	海水工厂化养殖鱼类重要病害控制关键技术研究与示范	2020年度天津市科学技术进步奖，二等奖
6	草鱼出血病二价核酸菌蜕疫苗的研制及初步应用	2019年度浙江省农业农村厅技术进步奖，二等奖
7	海水鱼刺激隐核虫病防控关键技术研发与应用	2019年度福建省科技进步奖，三等奖
8	南海主要经济贝类生态养殖与病害防控技术应用	2019年度海南省科学技术进步奖，一等奖
国家发明专利		
序号	专利名称	专利号
9	应用于对虾病原高通量检测的玻片微量检测系统	ZL2019100309380
10	强致病性和非强致病性美人鱼发光杆菌美人鱼亚种的快速鉴定PCR反应体系	ZL2019111783385
11	一种三疣梭子蟹无特定病原苗种培育方法	ZL2019100852485
12	一种乳酸菌复合菌剂及其在抗鲤疱疹病毒Ⅱ型中的应用	ZL201910763700.9
13	一种鲫造血器官坏死症酵母口服疫苗及应用	ZL201910811945.4
14	一种干酪乳杆菌YFI-5及其在抗鲤疱疹病毒Ⅱ型中的应用	ZL201910763441.X
15	一种草鱼出血病酵母口服疫苗及应用	ZL201910727994.X
16	一种罗非鱼细小病毒TiPV LAMP检测引物及应用	ZL201811121683.0
17	一种罗非鱼细小病毒TiPV及PCR检测引物及应用	ZL201811121461.9
18	一种乌斑鳢肾细胞系及其构建方法和应用	ZL201910626036.3
19	一株巨大芽孢杆菌P5-2及其分离方法和应用	ZL201910156559.6
20	一种草鱼呼肠孤病毒Ⅱ型疫苗株和野毒株鉴别引物及含有其的试剂盒与诊断检测方法	ZL2017101434872

（续）

国家发明专利		
序号	专利名称	专利号
21	具有特定病原微生物拮抗能力的草鱼源乳酸菌及其应用	ZL2019 10977632.6
22	一株杂交鳢脑细胞系的建立及应用	ZL201910743467.8
23	抗锦鲤疱疹病毒的单克隆抗体及其细胞株和应用	ZL201610033 741.9
24	一种微载体悬浮培养CPB细胞生产鳜传染性脾肾坏死病毒和鳜弹状病毒的方法	ZL201710493888.0
25	ISKNV基因内含子及其在区分ISKNV活病毒与灭活病毒中的应用	ZL201611036973.6
26	IL-2蛋白在制备动物疫苗佐剂中的应用	ZL201710656372.3
27	IL-17A蛋白在制备动物疫苗佐剂中的应用	ZL201710656559.3
28	一种植物乳杆菌及其应用	ZL201710371634.1
29	一种生物絮团的培养方法及水产养殖方法	ZL201611129889.9
30	一种罗氏沼虾螺原体可视化快速检测试剂盒及方法	ZL201710491995.X

计算机软件著作权		
序号	名称	登记号
31	鱼类病毒分子流行病学数据管理系统	2020SR1048047
32	鱼类常见病害诊断软件	2020SR0913680
33	鱼类体表病害可视化记录软件	2020SR917240
34	海水鱼病原菌档案平台V1.0	2020SR1529326

附录4 《全国动植物保护能力提升工程建设规划（2017—2025年）》启动情况

（截至2020年年底）

（1）水生动物疫病监测预警能力建设项目进展情况

序号	项目名称	建设性质	项目建设进展情况
（一）国家级项目（规划2个）			
1	国家水生动物疫病监测及流行病学调查中心建设项目	新建	筹备中
2	国家水生动物疫病监测参考物质中心建设项目	新建	已完成
（二）省级项目（规划29个）			
1	天津市水生动物疫病监控中心建设项目	新建	已启动
2	河北省水生动物疫病监控中心建设项目	续建	已启动
3	山西省水生动物疫病监控中心建设项目	新建	已启动
4	内蒙古自治区水生动物疫病监控中心建设项目	新建	已完成
5	辽宁省水生动物疫病监控中心建设项目	续建	已启动
6	吉林省水生动物疫病监控中心建设项目	新建	已完成
7	黑龙江省水生动物疫病监控中心建设项目	新建	已启动
8	上海市水生动物疫病监控中心建设项目	新建	已完成
9	浙江省水生动物疫病监控中心建设项目	续建	已完成
10	安徽省水生动物疫病监控中心建设项目	续建	已列入2021年投资计划
11	福建省水生动物疫病监控中心建设项目	续建	已列入2021年投资计划
12	江西省水生动物疫病监控中心建设项目	续建	已启动
13	山东省水生动物疫病监控中心建设项目	续建	筹备中
14	河南省水生动物疫病监控中心建设项目	新建	已完成
15	湖北省水生动物疫病监控中心建设项目	续建	已列入2021年投资计划
16	湖南省水生动物疫病监控中心建设项目	续建	已启动
17	广东省水生动物疫病监控中心建设项目	新建	筹备中
18	广西壮族自治区水生动物疫病监控中心建设项目	续建	筹备中
19	海南省水生动物疫病监控中心建设项目	续建	已列入2021年投资计划
20	重庆市水生动物疫病监控中心建设项目	新建	已完成
21	四川省水生动物疫病监控中心建设项目	续建	筹备中
22	贵州省水生动物疫病监控中心建设项目	新建	已启动
23	云南省水生动物疫病监控中心建设项目	新建	已启动

（续）

序号	项目名称	建设性质	项目建设进展情况
24	陕西省水生动物疫病监控中心建设项目	新建	已列入2021年投资计划
25	甘肃省水生动物疫病监控中心建设项目	新建	已启动
26	青海省水生动物疫病监控中心建设项目	新建	已列入2021年投资计划
27	宁夏回族自治区水生动物疫病监控中心建设项目	新建	已完成
28	新疆维吾尔自治区水生动物疫病监控中心建设项目	新建	已启动
29	新疆生产建设兵团水生动物疫病监控中心建设项目	新建	筹备中

（三）区域项目（规划46个，其中河北2个、辽宁4个、江苏4个、浙江4个、安徽3个、福建4个、江西3个、山东4个、河南2个、湖北4个、湖南3个、广东4个、广西3个、四川2个）

序号	项目名称	建设性质	项目建设进展情况
1	唐山市水生动物疫病监控中心建设项目	新建	已完成
2	锦州市水生动物疫病监控中心建设项目	新建	已启动
3	沈阳市水生动物疫病监控中心建设项目	新建	已启动
4	盘锦市水生动物疫病监控中心建设项目	新建	已启动
5	连云港市水生动物疫病监控中心建设项目	新建	已完成（待验收）
6	福州市水生动物疫病监控中心建设项目	新建	已列入2021年投资计划
7	九江市水生动物疫病监控中心建设项目	新建	已启动
8	东营市水生动物疫病监控中心建设项目	新建	已启动
9	滨州市水生动物疫病监控中心建设项目	新建	已启动
10	烟台市水生动物疫病监控中心建设项目	新建	已列入2021年投资计划
11	济宁市水生动物疫病监控中心建设项目	新建	已列入2021年投资计划
12	信阳市水生动物疫病监控中心建设项目	新建	已启动
13	开封市水生动物疫病监控中心建设项目	新建	已列入2021年投资计划
14	黄冈市水生动物疫病监控中心建设项目	新建	已启动
15	武汉市水生动物疫病监控中心建设项目	新建	已列入2021年投资计划
16	黄石市水生动物疫病监控中心建设项目	新建	已列入2021年投资计划
17	宜昌市水生动物疫病监控中心建设项目	新建	已列入2021年投资计划
18	常德市水生动物疫病监控中心建设项目	新建	已启动
19	岳阳市水生动物疫病监控中心建设项目	新建	已列入2021年投资计划
20	衡阳市水生动物疫病监控中心建设项目	新建	已列入2021年投资计划
21	柳州市水生动物疫病监控中心建设项目	新建	已启动
22	梧州市水生动物疫病监控中心建设项目	新建	已列入2021年投资计划
23	钦州市水生动物疫病监控中心建设项目	新建	已列入2021年投资计划
24	广元市水生动物疫病监控中心建设项目	新建	已完成
25	内江市水生动物疫病监控中心建设项目	新建	已列入2021年投资计划
26	大连市水生动物疫病监控中心建设项目	新建	已完成（待验收）
27	宁波市水生动物疫病监控中心建设项目	新建	已启动

（2）水生动物防疫技术支撑能力建设项目进展情况

序号	项目名称	依托单位	项目建设进展情况
（一）水生动物疫病综合实验室建设项目（规划5个）			
1	水生动物疫病综合实验室建设项目	江苏省水生动物疫病预防控制中心（江苏省渔业技术推广中心）	已启动
2	水生动物疫病综合实验室建设项目	中国水产科学研究院长江水产研究所	已完成
3	水生动物疫病综合实验室建设项目	中国水产科学研究院珠江水产研究所	已完成
4	水生动物疫病综合实验室建设项目	中国水产科学研究院黄海水产研究所	筹备中
5	水生动物疫病综合实验室建设项目	福建省淡水水产研究所	筹备中
（二）水生动物疫病专业实验室建设项目（规划12个）			
1	水生动物疫病专业实验室建设项目	浙江省淡水水产研究所	已完成
2	水生动物疫病专业实验室建设项目	中国水产科学研究院南海水产研究所	已启动
3	水生动物疫病专业实验室建设项目	中国水产科学研究院淡水渔业研究中心	已启动
4	水生动物疫病专业实验室建设项目	中国水产科学研究院东海水产研究所	已列入2021年投资计划
5	水生动物疫病专业实验室建设项目	中国水产科学研究院黑龙江水产研究所	筹备中
6	水生动物疫病专业实验室建设项目	天津市水生动物疫病预防控制机构	已列入2021年投资计划
7	水生动物疫病专业实验室建设项目	广东省水生动物疫病预防控制机构	筹备中
8	水生动物疫病专业实验室建设项目	中山大学	筹备中
9	水生动物疫病专业实验室建设项目	中国海洋大学	筹备中
10	水生动物疫病专业实验室建设项目	华中农业大学	筹备中
11	水生动物疫病专业实验室建设项目	华东理工大学	已列入2021年投资计划
12	水生动物疫病专业实验室建设项目	上海海洋大学	筹备中
（三）水生动物疫病综合试验基地建设项目（规划3个）			
1	水生动物疫病综合试验基地建设项目	中国水产科学研究院黄海水产研究所	筹备中
2	水生动物疫病综合试验基地建设项目	中国水产科学研究院长江水产研究所	筹备中
3	水生动物疫病综合试验基地建设项目	中国水产科学研究院珠江水产研究所	筹备中
（四）水生动物疫病专业试验基地建设项目（规划4个）			
1	水生动物疫病专业试验基地建设项目	中国水产科学研究院东海水产研究所	已启动
2	水生动物疫病专业试验基地建设项目	中国水产科学研究院南海水产研究所	筹备中
3	水生动物疫病专业试验基地建设项目	中国水产科学研究院淡水渔业研究中心	筹备中
4	水生动物疫病专业试验基地建设项目	中国水产科学研究院黑龙江水产研究所	筹备中
（五）水生动物外来疫病分中心建设项目（规划1个）			
1	水生动物外来疫病分中心建设项目	中国水产科学研究院黄海水产研究所	筹备中

附录5　水生动物防疫相关标准

（1）国家标准

序号	标准名称	标准号
	甲壳类防疫相关标准	
1	白斑综合征（WSD）诊断规程 第1部分：核酸探针斑点杂交检测法	GB/T 28630.1—2012
2	白斑综合征（WSD）诊断规程 第2部分：套式PCR检测法	GB/T 28630.2—2012
3	白斑综合征（WSD）诊断规程 第3部分：原位杂交检测法	GB/T 28630.3—2012
4	白斑综合征（WSD）诊断规程 第4部分：组织病理学诊断法	GB/T 28630.4—2012
5	白斑综合征（WSD）诊断规程 第5部分：新鲜组织的T-E染色法	GB/T 28630.5—2012
6	对虾传染性皮下及造血组织坏死病毒（IHHNV）检测PCR法	GB/T 25878—2010
	贝类防疫相关标准	
7	派琴虫病诊断操作规程	GB/T 26618—2011
8	鲍疱疹病毒病诊断规程	GB/T 37115—2018
	鱼类防疫相关标准	
9	鱼类检疫方法 第1部分：传染性胰脏坏死病毒（IPNV）	GB/T 15805.1—2008
10	鱼类检疫方法 第6部分：杀鲑气单胞菌	GB/T 15805.6—2008
11	鱼类检疫方法 第7部分：脑黏体虫	GB/T 15805.7—2008
12	病毒性脑病和视网膜病病原逆转录—聚合酶链式反应（RT-PCR）检测方法	GB/T 27531—2011
13	传染性造血器官坏死病（IHN）诊断规程	GB/T 15805.2—2017
14	海水鱼类刺激隐核虫病诊断规程	GB/T 34733—2017
15	淡水鱼类小瓜虫病诊断规程	GB/T 34734—2017
16	病毒性出血性败血症诊断规程	GB/T 15805.3—2018
17	斑点叉尾鮰病毒病诊断规程	GB/T 15805.4—2018
18	鲤春病毒血症诊断规程	GB/T 15805.5—2018
19	草鱼出血病诊断规程	GB/T 36190—2018
20	金鱼造血器官坏死病毒检测方法	GB/T 36194—2018
21	真鲷虹彩病毒病诊断规程	GB/T 36191—2018
22	草鱼呼肠孤病毒三重RT-PCR检测方法	GB/T 37746—2019
	通用	
23	动物防疫 基本术语	GB/T 18635—2002

（续）

序号	标准名称	标准号
24	实验动物 环境及设施	GB 14925—2010
25	病害动物和病害动物产品生物安全处理规程	GB 16548—2006
26	实验室 生物安全通用要求	GB 19489—2008
27	检测和校准实验室能力的通用要求	GB/T 27025—2008
28	生物安全实验室建筑技术规范	GB 50346—2011
29	致病性嗜水气单胞菌检验方法	GB/T 18652—2002
30	检验检测实验室技术要求验收规范	GB/T 37140—2018
31	农业社会化服务 水产养殖病害防治服务规范	GB/T 37689—2019

（2）行业标准

序号	标准名称	标准号
鱼类细胞系相关标准		
1	鱼类细胞系第1部分：胖头鱼岁肌肉细胞系（FHM）	SC/T 7016.1—2012
2	鱼类细胞系第2部分：草鱼肾细胞系（CIK）	SC/T 7016.2—2012
3	鱼类细胞系第3部分：草鱼卵巢细胞系（CO）	SC/T 7016.3—2012
4	鱼类细胞系第4部分：虹鳟性腺细胞系（RTG-2）	SC/T 7016.4—2012
5	鱼类细胞系第5部分：鲤上皮瘤细胞系（EPC）	SC/T 7016.5—2012
6	鱼类细胞系第6部分：大鳞大麻哈鱼胚胎细胞系（CHSE）	SC/T 7016.6—2012
7	鱼类细胞系第7部分：棕鲴细胞系（BB）	SC/T 7016.7—2012
8	鱼类细胞系第8部分：斑点叉尾鮰卵巢细胞系（CCO）	SC/T 7016.8—2012
9	鱼类细胞系第9部分：蓝鳃太阳鱼细胞系（BF-2）	SC/T 7016.9—2012
10	鱼类细胞系第10部分：狗鱼性腺细胞系（PG）	SC/T 7016.10—2012
11	鱼类细胞系第11部分：虹鳟肝细胞系（R1）	SC/T 7016.11—2012
12	鱼类细胞系第12部分：鲤白血球细胞系（CLC）	SC/T 7016.12—2012
13	鱼类细胞系 第13部分：鲫细胞系（CAR）	SC/T 7016.13—2019
14	鱼类细胞系 第14部分：锦鲤吻端细胞系（KS）	SC/T 7016.14—2019
鱼类疾病诊断规程／方法		
15	鱼类细菌病检疫技术规程 第1部分：通用技术	SC/T 7201.1—2006
16	鱼类细菌病检疫技术规程 第2部分：柱状嗜纤维菌烂鳃病诊断方法	SC/T 7201.2—2006
17	鱼类细菌病检疫技术规程 第3部分：嗜水气单胞菌及豚鼠气单胞菌肠炎病诊断方法	SC/T 7201.3—2006
18	鱼类细菌病检疫技术规程 第4部分：荧光假单胞菌赤皮病诊断方法	SC/T 7201.4—2006
19	鱼类细菌病检疫技术规程 第5部分：白皮假单胞菌白皮病诊断方法	SC/T 7201.5—2006

（续）

序号	标准名称	标准号
20	鮰嗜麦芽寡养单胞菌检测方法	SC/T 7213—2011
21	鲤疱疹病毒检测方法　第1部分：锦鲤疱疹病毒	SC/T 7212.1—2011
22	鱼类简单异尖线虫幼虫检测方法	SC/T 7210—2011
23	传染性脾肾坏死病毒检测方法	SC/T 7211—2011
24	鱼类爱德华氏菌检测方法 第1部分：迟缓爱德华氏菌	SC/T 7214.1—2011
25	鱼类病毒性神经坏死病（VNN）诊断技术规程	SC/T 7216—2012
26	刺激隐核虫病诊断规程	SC/T 7217—2014
27	指环虫病诊断规程 第1部分：小鞘指环虫病	SC/T 7218.1—2015
28	指环虫病诊断规程 第2部分：页形指环虫病	SC/T 7218.2—2015
29	指环虫病诊断规程 第3部分：鳙指环虫病	SC/T 7218.3—2015
30	指环虫病诊断规程 第4部分：坏鳃指环虫病	SC/T 7218.4—2015
31	三代虫病诊断规程 第1部分：大西洋鲑三代虫病	SC/T 7219.1—2015
32	三代虫病诊断规程 第2部分：鲩三代虫病	SC/T 7219.2—2015
33	三代虫病诊断规程 第3部分：鲢三代虫病	SC/T 7219.3—2015
34	三代虫病诊断规程 第4部分：中型三代虫病	SC/T 7219.4—2015
35	三代虫病诊断规程 第5部分：细锚三代虫病	SC/T 7219.5—2015
36	三代虫病诊断规程 第6部分：小林三代虫病	SC/T 7219.6—2015
37	黏孢子虫病诊断规程 第1部分：洪湖碘泡虫	SC/T 7223.1—2017
38	黏孢子虫病诊断规程 第2部分：吴李碘泡虫病	SC/T 7223.2—2017
39	黏孢子虫病诊断规程 第3部分：武汉单极虫	SC/T 7223.3—2017
40	黏孢子虫病诊断规程 第4部分：吉陶单极虫	SC/T 7223.4—2017
41	鲤春病毒血症病毒逆转录环介导等温扩增（RT-LAMP）检测方法	SC/T 7224—2017
42	草鱼呼肠孤病毒逆转录环介导等温扩增（RT-LAMP）检测方法	SC/T 7225—2017
43	鲑甲病毒感染诊断规程	SC/T 7226—2017
44	传染性造血器官坏死病毒逆转录环介导等温扩增（RT-LAMP）检测方法	SC/T 7227—2017
45	传染性肌坏死病诊断规程	SC/T 7228—2019
46	鲤浮肿病诊断规程	SC/T 7229—2019
47	罗非鱼链球菌病诊断规程	SC/T 7235—2020
甲壳类疾病诊断规程／方法		
48	斑节对虾杆状病毒病诊断规程 第1部分：压片显微镜检测方法	SC/T 7202.1—2007
49	斑节对虾杆状病毒病诊断规程 第2部分：PCR检测方法	SC/T 7202.2—2007
50	斑节对虾杆状病毒病诊断规程 第3部分：组织病理学诊断法	SC/T 7202.3—2007
51	对虾肝胰腺细小病毒病诊断规程 第1部分：PCR检测方法	SC/T 7203.1—2007

（续）

序号	标准名称	标准号
52	对虾肝胰腺细小病毒病诊断规程 第2部分：组织病理学诊断法	SC/T 7203.2—2007
53	对虾肝胰腺细小病毒病诊断规程 第3部分：新鲜组织T-E染色法	SC/T 7203.3—2007
54	对虾桃拉综合征诊断规程 第1部分：外观症状诊断法	SC/T 7204.1—2007
55	对虾桃拉综合征诊断规程 第2部分：组织病理学诊断法	SC/T 7204.2—2007
56	对虾桃拉综合征诊断规程 第3部分：RT-PCR检测法	SC/T 7204.3—2007
57	对虾桃拉综合征诊断规程 第4部分：指示生物检测法	SC/T 7204.4—2007
58	对虾桃拉综合征诊断规程 第5部分：逆转录环介导核酸等温扩增检测法	SC/T 7204.5—2020
59	虾肝肠胞虫病诊断规程	SC/T 7232—2020
60	急性肝胰腺坏死病诊断规程	SC/T 7233—2020
61	白斑综合征病毒（WSSV）环介导等温扩增检测方法	SC/T 7234—2020
62	对虾黄头病诊断规程	SC/T 7236—2020
63	虾虹彩病毒病诊断规程	SC/T 7237—2020
64	对虾偷死野田村病毒（CMNV）检测方法	SC/T 7238—2020
65	中华绒螯蟹螺原体PCR检测方法	SC/T 7220—2015
66	三疣梭子蟹肌孢虫病诊断规程	SC/T 7239—2020
贝类疾病诊断规程／方法		
67	牡蛎包纳米虫病诊断规程 第1部分：组织印片的细胞学诊断法	SC/T 7205.1—2007
68	牡蛎包纳米虫病诊断规程 第2部分：组织病理学诊断法	SC/T 7205.2—2007
69	牡蛎包纳米虫病诊断规程 第3部分：透射电镜诊断法	SC/T 7205.3—2007
70	牡蛎单孢子虫病诊断规程 第1部分：组织印片的细胞学诊断法	SC/T 7206.1—2007
71	牡蛎单孢子虫病诊断规程 第2部分：组织病理学诊断法	SC/T 7206.2—2007
72	牡蛎单孢子虫病诊断规程 第3部分：原位杂交诊断法	SC/T 7206.3—2007
73	牡蛎马尔太虫病诊断规程 第1部分：组织印片的细胞学诊断法	SC/T 7207.1—2007
74	牡蛎马尔太虫病诊断规程 第2部分：组织病理学诊断法	SC/T 7207.2—2007
75	牡蛎马尔太虫病诊断规程 第3部分：透射电镜诊断法	SC/T 7207.3—2007
76	牡蛎拍琴虫病诊断规程 第1部分：巯基乙酸盐培养诊断法	SC/T 7208.1—2007
77	牡蛎拍琴虫病诊断规程 第2部分：组织病理学诊断法	SC/T 7208.2—2007
78	牡蛎小胞虫病诊断规程 第1部分：组织印片的细胞学诊断法	SC/T 7209.1—2007

（续）

序号	标准名称	标准号
79	牡蛎小胞虫病诊断规程 第2部分：组织病理学诊断法	SC/T 7209.2—2007
80	牡蛎小胞虫病诊断规程 第3部分：透射电镜诊断法	SC/T 7209.3—2007
81	贝类折光马尔太虫病诊断规程	SC/T 7231—2019
82	贝类包纳米虫病诊断规程	SC/T 7230—2019
83	牡蛎疱疹病毒1型感染诊断规程	SC/T 7240—2020
84	鲍脓疱病诊断规程	SC/T 7241—2020
两栖类疾病诊断规程／方法		
85	蛙病毒检测方法	SC/T 7221—2016
通用类		
86	渔药毒性试验方法 第1部分：外用渔药急性毒性试验	SC/T 1087.1—2006
87	渔药毒性试验方法 第2部分：外用渔药慢性毒性试验	SC/T 1087.2—2006
88	水生动物检疫实验技术规范	SC/T 7014—2006
89	水生动物疾病术语与命名规则 第1部分：水生动物疾病术语	SC/T 7011.1—2007
90	水生动物疾病术语与命名规则 第2部分：水生动物疾病命名规则	SC/T 7011.2—2007
91	草鱼出血病细胞培养灭活疫苗	SC 7701—2007
92	水生动物产地检疫采样技术规范	SC/T 7013—2008
93	水产养殖动物病害经济损失计算方法	SC/T 7012—2008
94	染疫水生动物无害化处理规程	SC/T 7015—2011
95	水生动物疫病风险评估通则	SC/T 7017—2012
96	水生动物疫病流行病学调查规范 第1部分：鲤春病毒血症（SVC）	SC/T 7018.1—2012
97	水生动物病原微生物实验室保存规范	SC/T 7019—2015
98	水产养殖动植物疾病测报规范	SC/T 7020—2016
99	鱼类免疫接种技术规程	SC/T 7021—2020
100	对虾体内的病毒扩增和保存方法	SC/T 7022—2020
出入境检验检疫行业标准		
101	传染性胰脏坏死病毒（IPNV）酶联免疫吸附试验（ELISA）诊断方法	SN/T 1162—2002
102	疖疮病细菌学诊断操作规程	SN/T 1419—2004
103	昏眩病毒诊断操作规程	SN/T 1420—2004
104	异尖线虫病诊断规程	SN/T 1509—2005
105	出口种用虾检验检疫规程	SN/T 1550—2005
106	杀鲑气单胞菌的检验操作规程	SN/T 2695—2010
107	进出境九孔鲍检验检疫规程	SN/T 2650—2010
108	出境泥鳅检验检疫规程	SN/T 2747—2010
109	传染性鲑鱼贫血病检疫技术规范	SN/T 2734—2010

（续）

序号	标准名称	标准号
110	鱼淋巴囊肿病检疫技术规范	SN/T 2706—2010
111	鱼鳃霉病检疫技术规范	SN/T 2439—2010
112	贝类包拉米虫病检疫技术规范	SN/T 2434—2010
113	出入境动物检疫诊断试剂盒质量评价规程	SN/T 2435—2010
114	贝类马尔太虫检疫规范	SN/T 2713—2010
115	淡水鱼中寄生虫检疫技术规范	SN/T 2503—2010
116	进境鱼类临时隔离场建设规范	SN/T 2523—2010
117	病毒性脑病和视网膜病检疫规范	SN/T 2625—2010
118	鲤春病毒血症检疫技术规范	SN/T 1152—2011
119	病毒性出血性败血症检疫技术规范	SN/T 2850—2011
120	闭合孢子虫病检疫技术规范	SN/T 2853—2011
121	进出境动物重大疫病检疫处理规程	SN/T 2858—2011
122	爬行动物检验检疫监管规程	SN/T 2866—2011
123	中肠腺坏死杆状病毒病检疫技术规范	SN/T 2870—2011
124	鲍鱼立克次氏体病检疫技术规范	SN/T 2973—2011
125	鲑鱼立克次氏体检疫技术规范：巢式聚合酶链式反应法	SN/T 2976—2011
126	鱼华支睾吸虫囊蚴鉴定方法	SN/T 2975—2011
127	牙鲆弹状病毒病检疫技术规范	SN/T 2982—2011
128	虾桃拉综合征检疫技术规范	SN/T 1151.1—2011
129	对虾白斑病检疫技术规范	SN/T 1151.2—2011
130	虾黄头病检疫技术规范	SN/T 1151.4—2011
131	斑节对虾杆状病毒病（MBV）检疫技术规范	SN/T 1151.3—2013
132	虾细菌性肝胰腺坏死病检疫技术规范	SN/T 3486—2013
133	传染性肌肉坏死检疫技术规范	SN/T 3492—2013
134	白尾病检疫技术规范	SN/T 3583—2013
135	传染性皮下和造血器官坏死检疫技术规范	SN/T 1673—2013
136	水产品中颚口线虫检疫技术规范	SN/T 3497—2013
137	温泉鱼类志贺邻单胞菌病检疫技术规范	SN/T 3498—2013
138	草鱼出血病检疫技术规范	SN/T 3584—2013
139	大西洋鲑三代虫病检疫技术规范	SN/T 2124—2013
140	甲壳类水产品中并殖吸虫囊蚴检疫技术规范	SN/T 3504—2013
141	锦鲤疱疹病毒病检疫技术规范	SN/T 1674—2014
142	真鲷虹彩病毒病检疫技术规范	SN/T 1675—2014
143	水生动物链球菌感染检疫技术规范	SN/T 3985—2014
144	鲍鱼疱疹病毒感染检疫技术规范	SN/T 4050—2014
145	刺激隐核虫检疫技术规范	SN/T 3988—2014

（续）

序号	标准名称	标准号
146	传染性造血器官坏死病检疫技术规范	SN/T 1474—2014
147	流行性溃疡综合症检疫技术规范	SN/T 2120—2014
148	流行性造血器官坏死检疫技术规范	SN/T 2121—2014
149	对虾杆状病毒病检疫技术规范	SN/T 1151.5—2014
150	箭毒蛙壶菌感染检疫技术规范	SN/T 3993—2014
151	贝类派琴虫实时荧光PCR检测方法	SN/T 4097—2015
152	鳌虾瘟检疫技术规范	SN/T 4348—2015
153	斑点叉尾鮰病毒病检疫技术规范	SN/T 4289—2015
154	多子小瓜虫检疫技术规范	SN/T 4290—2015
155	动物检疫实验室生物安全操作规范	SN/T 2025—2016
156	出入境特殊物品卫生检疫实验室检测能力要求	SN/T 4610—2016
157	致病性嗜水气单胞菌检疫技术规范	SN/T 4739—2016
158	蛙脑膜炎败血金黄杆菌病检疫技术规范	SN/T 4827—2017
159	虾偷死野田村病毒病检疫技术规范	SN/T 5282—2020
160	鳗鲡疱疹病毒感染检疫技术规范	SN/T 5279—2020
161	对虾急性肝胰腺坏死病检疫技术规范	SN/T 5195—2020
162	鮰类肠败血症检疫技术规范	SN/T 5189—2020
163	迟缓爱德华氏菌病检疫技术规范	SN/T 5188—2020
164	鲍脓疱病检疫技术规范	SN/T 5186—2020
165	牡蛎疱疹病毒病检疫技术规范	SN/T 5182—2020
166	金鱼造血器官坏死病检疫技术规范	SN/T 5181—2020
167	传染性胰脏坏死病检疫技术规范	SN/T 1162—2020

（3）地方标准

序号	省份	标准名称	标准号
1	北京	水生动物检疫检验实验室管理规范	DB11/T 374—2006
2		养殖鱼类病害防疫检疫技术规范	DB11/T 376—2006
3		水产养殖动物疫区划定与处理技术规范	DB11/T 676—2009
4		锦鲤疱疹病毒病诊断技术规范	DB11/T 819—2011
5		常见鱼病防治技术操作规程	DB11/T 196—2013
6		水生动物检疫名录及病原检测方法	DB11/T 375—2017
7		鱼类口服抗菌药物选用技术规程	DB11/T 1397—2017
8	河北	锚头蚤病防治技术规范	DB1308/T 131—2007
9		草鱼细菌性烂鳃病防治技术规范	DB13/T 892—2007
10		对虾养殖病毒病防控技术规范	DB13/T 1254—2010
11		鱼类指环虫病诊断与防治技术规范	DB13/T 1255—2010
12		鱼类寄生虫性疫病诊断技术规程	DB13/T 1415—2011
13		鱼类链球菌病诊断技术规范	DB13/T 1778—2013
14		鱼类三毛金藻毒素中毒病防治技术规范	DB1309/T 124—2011
15		微生态制剂调控盐碱地养殖用水技术规程	DB1309/T 201—2017
16		水产养殖病害测报预报技术规范	DB13/T 783—2018
17	吉林	鱼类苗种产地检疫规程	DB22/T 1632—2012
18		水产养殖动物病情测报工作规范	DB22/T 1638—2012
19		鱼类寄生虫疾病诊断技术规程	DB22/T 1882—2013
20		病死养殖鱼类无害化处理规范	DB22/T 2157—2014
21		淡水鱼中绦虫、吸虫的检测方法	DB22/T 2214—2014
22		锦鲤疱疹病毒病防疫技术规范	DB22/T 2382—2015
23		鱼类粘孢子虫病防疫技术规范	DB22/T 2699—2017
24		淡水鱼类水霉病防治技术规程	DB22/T 2710—2017
25		淡水细菌性败血症防治技术规范	DB22/T 2893—2018
26		传染性造血器官坏死病防控技术规范	DB22/T 2894—2018
27		鲤浮肿病防疫技术规范	DB22/T 3194—2020
28	江苏	水生动物指环虫病诊断方法	DB32/T 1735—2011
29		水生动物车轮虫病诊断方法	DB32/T 1736—2011
30		草鱼出血病病毒（GCHV）逆转录-聚合酶链式反应（RT-PCR）检测方法	DB32/T 1738—2011
31		县（区）级水生动物疫病防治中心实验室建设规范	DB32/T 1707—2011
32		鲤疱疹病毒Ⅱ型PCR检测方法	DB32/T 2957—2016
33	安徽	鱼类病害防治技术规范	DB34/T 243—2002
34		中华绒螯蟹病害防治技术规范	DB34/T 331—2003
35		水产养殖病害测报规范	DB34/T 594—2006
36	福建	池塘底泥中孔雀石绿残留量的检测 高效液相色谱法	DB35/T 800—2008
37		鳗鲡肌肉中阿苯达唑、阿苯达唑亚砜和阿苯达唑砜留量的测定高效液相色谱法	DB35/T 884—2009
38		鱼类小瓜虫病诊断规程	DB35/T 1033—2010

（续）

序号	省份	标准名称	标准号
39	福建	海水养殖鱼类刺激隐核虫病诊断规程	DB35/T 1353—2013
40		罗非鱼无乳链球菌病双重PCR诊断	DB35/T 1354—2013
41		海水鱼类刺激隐核虫病临床诊断规程	GB/T 34733—2017
42		淡水鱼类小瓜虫病诊断规程	GB/T 34734—2017
43	浙江	水产养殖动物病情测报规范	DB3301/T 126—2008
44		鳖鳃腺炎病临床检疫规程	DB3301/T 197—2011
45	江西	草鱼疫苗免疫技术规程	DB36/T 780—2014
46		淡水鱼类主要疾病流行病学调查规范	DB36/T 1005—2017
47		绿色食品 淡水鱼养殖病害防治技术规程	DB36/T 710—2013
48		淡水鱼类小瓜虫病防治技术规范	DB36/T 971—2017
49	山东	海水养殖鱼类指状拟舟虫病诊断规程 第一部分：组织学诊断法	DB37/T 420.1—2004
50		海水养殖鱼类指状拟舟虫病诊断规程 第二部分：扫描电镜诊断法	DB37/T 420.2—2004
51		水产养殖病害测报规程	DB37/T 434—2017
52	湖北	水产养殖病害测报规范	DB42/T 932—2013
53	湖南	湖南省水生动物检疫规程	DB43/T 221—2004
54		水生动物病害测报规范	DB43/T 308—2006
55		草鱼出血病检疫规程	DB43/T 367—2007
56		鱼类细菌性烂鳃病检疫技术规程	DB43/T 365—2007
57		鱼类细菌性败血症检疫技术规程	DB43/T 366—2007
58		鱼类嗜水气单胞菌灭活疫苗制作规程	DB43/T 371—2007
59		水生动物及其产品运载工具消毒规范	DB43/T 370—2007
60		水生动物疫病防治站建设规范	DB43/T 436—2009
61		水产养殖病害防治实验室无害化处理规范	DB43/T 434—2009
62		草鱼肠炎病检疫技术规程	DB43/T 700—2012
63		水生动物检疫检验实验室建设规范	DB43/T 433—2009
64	广东	广东省水产病害测报操作规范	DB 44/T 480—2008
65		水产养殖用水消毒规范	DB 44/T 660—2009
66		广东省水产养殖病害测报采样技术规范	DB 44/T 911—2011
67	广西	水产养殖动物病情测报技术规程	DB45/T 455—2007
68		水产养殖鱼类细菌病组织浆疫苗制备与应用规范	DB45/T 588—2009
69		养殖鱼类主要疫病监测技术规程	DB45/T 947—2013
70		常见淡水养殖鱼类疾病诊治技术规程 第1部分：资料记录、病因与病损度诊断及应对措施	DB45/T 1087—2015
71		常见淡水养殖鱼类疾病诊治技术规程 第2部分：疾病诊断与防治	DB45/T 1221—2015
72		常见淡水养殖鱼类疾病诊治技术规程 第3部分：疾病防治用药药效检验	DB45/T 1087.3—2017
73	海南	水产养殖动植物疫病测报技术规范	DB46/T 423—2017
74	贵州	大鲵病害防治技术规范	DB52/T 1105—2016
75	重庆	水生动物检疫技术规范	DB50/T 339—2009
76		草鱼出血病检疫技术规范	DB50/T 459—2012

附录6　全国省级（含计划单列市）水生动物
疫病预防控制机构状况

（截至2021年6月）

序号	省 （区、市）	机构名称	备注
1	北京	北京市水产技术推广站（北京市渔业环境监测站、北京市鱼病防治站）	在北京市水产技术推广站加挂牌子
2	天津	天津市动物疫病预防控制中心	独立法人单位
3	河北	河北省水产养殖病害防治监测总站	河北省水产技术推广总站（河北省水产养殖病害防治监测总站、河北省水产品质量检测中心）
4	山西	山西省农业农村厅	具有水生动物疫病预防控制机构职能
5	内蒙古	内蒙古自治区水生动物疫病监测中心	在内蒙古自治区水产技术推广站加挂牌
6	辽宁	辽宁省水产技术推广站	共同承担辖区内水生动物疫病预防控制机构职责
		辽宁省现代农业生产基地建设工程中心	
7	吉林	吉林省水生动物防疫检疫与病害防治中心	在吉林省水产技术推广总站加挂牌子
8	黑龙江	黑龙江省渔业病害防治环境监测中心	在黑龙江水产技术推广总站加挂牌子
9	上海	上海市水产研究所（上海市水产技术推广站）	具有水生动物疫病预防控制机构职能
10	江苏	江苏省水生动物疫病预防控制中心	在江苏省渔业技术推广中心加挂牌子
11	浙江	浙江省渔业检验检测与疫病防控中心	在浙江省水产技术推广总站加挂牌子
12	安徽	安徽省农业技术综合服务中心（水产技术服务中心、渔业发展管理中心、水产技术推广站）	具有水生动物疫病预防控制机构职能
13	福建	福建省水生动物疫病预防控制中心	在福建省水产技术推广总站加挂牌子
14	江西	江西省水产技术推广站	具有水生动物疫病预防控制机构职能
15	山东	山东省渔业发展和资源养护总站	共同承担辖区内水生动物疫病预防控制机构职责
		山东省海洋科学研究院	
		山东省淡水渔业研究院	
16	河南	河南省水产技术推广站	具有水生动物疫病预防控制机构职能
17	湖北	湖北省鱼类病害防治及预测预报中心	在湖北省水产科学研究所加挂牌子

（续）

序号	省 （区、市）	机构名称	备注
18	湖南	湖南省水生动物防疫检疫站	湖南省畜牧水产事务中心内设机构
19	广东	广东省动物疫病预防控制中心	在广东省动物疫病预防控制中心加挂牌子
20	广西	广西壮族自治区渔业病害防治环境监测和质量检验中心	共同承担辖区内水生动物疫病预防控制机构职责
		广西壮族自治区水产技术推广站	
21	海南	海南省水产品质量安全检测中心	具有水生动物疫病预防控制机构职能
22	重庆	重庆市水生动物疫病预防控制中心	在重庆市水产技术推广总站加挂牌子
23	四川	四川省水产局	具有水生动物疫病预防控制机构职能
24	贵州	贵州省水产技术推广站	具有水生动物疫病预防控制机构职能
25	云南	云南省渔业科学研究院	具有水生动物疫病预防控制机构职能
26	陕西	陕西省水生动物防疫检疫中心（陕西省水产养殖病害防治中心）	在陕西省水产研究与技术推广总站加挂牌子
27	甘肃	甘肃省水生动物疫病预防控制中心	在甘肃省渔业技术推广总站加挂牌子
28	青海	青海省水生动物疫病防控中心	在青海省渔业技术推广中心加挂牌子
29	宁夏	宁夏回族自治区鱼病防治中心	在宁夏回族自治区水产技术推广站加挂牌子
30	新疆	新疆渔业病害防治中心	在新疆水产技术推广总站加挂牌子
31	新疆生产建设兵团	新疆生产建设兵团渔业病害防治检测中心	在新疆生产建设兵团水产技术推广总站加挂牌子
32	大连	大连市水产技术推广总站	具有水生动物疫病预防控制机构职能
33	青岛	青岛市渔业技术推广站	具有水生动物疫病预防控制机构职能
34	宁波	宁波市水生动物防疫检疫中心	在宁波市海洋与渔业研究院（宁波市渔业技术推广总站）加挂牌子
35	厦门	厦门市海洋与渔业研究所	具有水生动物疫病预防控制机构职能
36	深圳	深圳市水生动物防疫检疫站	在深圳市渔业服务与水产技术推广总站加挂牌子

附录7 全国地（市）、县（市）级水生动物疫病预防控制机构情况

序号	省（区、市）	地（市）级		县（市）级	
		辖区内地（市）级疫控机构数量	其中建设水生动物防疫实验室数量	辖区内县（市）级疫控机构数量	其中建设水水生动物防疫实验室数量
1	北京	0	0	13	10
2	天津	0	0	12	12
3	河北	11	3	27	14
4	山西	2	0	2	0
5	内蒙古	12	0	6	6
6	辽宁	6	1	26	22
7	吉林	5	1	25	8
8	黑龙江	11	1	58	22
9	上海	9	2	0	0
10	江苏	13	1	59	46
11	浙江	11	11	46	46
12	安徽	10	2	23*	43*
13	福建	9	7	71	27
14	江西	1	1	37	37
15	山东	16	11	75	35
16	河南	18	0	20	20
17	湖北	9	5	46	46
18	湖南	8	1	91	37
19	广东	21	14	88	72
20	广西	14	10	109	43
21	海南	3	2	10	2
22	重庆	0	0	25	15
23	四川	6	2	35	29

（续）

序号	省（区、市）	地（市）级		县（市）级	
		辖区内地（市）级疫控机构数量	其中建设水生动物防疫实验室数量	辖区内县（市）级疫控机构数量	其中建设水水生动物防疫实验室数量
24	贵州	5	0	37	6
25	云南	0	0	13	13
26	陕西	10	0	25	10
27	甘肃	2	1	8	5
28	青海	0	0	0	0
29	宁夏	0	0	9	9
30	新疆	1	0	5	5
31	新疆生产建设兵团	0	0	3	3
32	大连	0	0	6	6
33	青岛	0	0	6	6
34	宁波	0	0	0	0
35	厦门	0	0	1	1
36	深圳	0	0	1	1
合计		211	76	1 018	657

说明：*标注处实验室数大于机构数，是因为之前国家投资建设了实验室，但是目前机构已经不存在。

附录8　现代农业产业技术体系渔业领域首席科学家及病害岗位科学家名单

序号	体系名称	首席科学家		疾病防控研究室（病虫害防控研究室）		
				岗位名称	岗位科学家	
		姓名	工作单位		姓名	工作单位
1	大宗淡水鱼	戈贤平	中国水产科学研究院淡水渔业研究中心	病毒病防控	曾令兵	中国水产科学研究院长江水产研究所
				细菌病防控	石存斌	中国水产科学研究院珠江水产研究所
				寄生虫病防控	王桂堂	中国科学院水生生物研究所
				中草药渔药产品开发	谢骏	中国水产科学研究院淡水渔业研究中心
				渔药研发与临床应用	吕利群	上海海洋大学
2	特色淡水鱼	杨弘	中国水产科学研究院淡水渔业研究中心	病毒病防控	翁少萍	中山大学
				细菌病防控	姜兰	中国水产科学研究院珠江水产研究所
				寄生虫病防控	顾泽茂	华中农业大学
				环境胁迫性疾病防控	李文笙	中山大学
				绿色药物研发与综合防控	聂品	中国科学院水生生物研究所
3	海水鱼	关长涛	中国水产科学研究院黄海水产研究所	病毒病防控	秦启伟	华南农业大学
				细菌病防控	王启要	华东理工大学
				寄生虫病防控	李安兴	中山大学
				环境胁迫性疾病与综合防控	陈新华	福建农林大学
4	虾蟹	何建国	中山大学	病毒病防控	杨丰	自然资源部第三海洋研究所
				细菌病防控	黄健	中国水产科学研究院黄海水产研究所
				寄生虫病防控	陈启军	沈阳农业大学
				靶位与药物开发	李富花	中国科学院海洋研究所
				虾病害生态防控	何建国	中山大学
				蟹病害生态防控	郭志勋	中国水产科学研究院南海水产研究所
5	贝类	张国范	中国科学院海洋研究所	病毒病防控	王崇明	中国水产科学研究院黄海水产研究所
				细菌病防控	宋林生	大连海洋大学
				寄生虫病防控	王江勇	中国水产科学研究院南海水产研究所
				环境胁迫性疾病防控	李莉	中国科学院海洋研究所
6	藻类	逄少军	中国科学院海洋研究所	病害防控	莫照兰	中国海洋大学
				有害藻类综合防控	王广策	中国科学院海洋研究所

附录9　第二届农业农村部水产养殖病害防治专家委员会名单

序号	姓名	性别	工作单位	职务／职称
			主任委员	
1	李书民	男	农业农村部渔业渔政管理局	一级巡视员
			副主任委员	
2	何建国	男	中山大学海洋科学学院	教授
3	战文斌	男	中国海洋大学水产学院	教授
			顾问委员	
4	江育林	男	中国检验检疫科学研究院动物检疫研究所	研究员
5	陈昌福	男	华中农业大学水产学院	教授
6	张元兴	男	华东理工大学生物工程学院	教授
			秘书长	
7	李清	女	全国水产技术推广总站 中国水产学会	处长/研究员
			委员（按姓名笔画排序）	
8	丁雪燕	女	浙江省水产技术推广总站	站长/推广研究员
9	王江勇	男	惠州学院	研究员
10	王启要	男	华东理工大学生物工程学院	副院长/教授
11	王桂堂	男	中国科学院水生生物研究所	研究员
12	王崇明	男	中国水产科学研究院黄海水产研究所	研究员
13	石存斌	男	中国水产科学研究院珠江水产研究所	研究员
14	卢彤岩	女	中国水产科学研究院黑龙江水产研究所	研究员
15	冯守明	男	天津市动物疫病预防控制中心	副主任/正高工
16	吕利群	男	上海海洋大学水产与生命学院	教授
17	刘荭	女	深圳海关动植物检验检疫技术中心	研究员
18	孙金生	男	天津师范大学生命科学学院	院长/研究员
19	李安兴	男	中山大学生命科学学院	教授
20	吴绍强	男	中国检验检疫科学研究院动物检疫研究所	副所长/研究员
21	沈锦玉	女	浙江省淡水水产研究所	研究员
22	宋林生	男	大连海洋大学	校长/研究员
23	张利峰	男	中国海关科学技术研究中心	研究员
24	陈辉	男	江苏省渔业技术推广中心	副主任/研究员
25	陈家勇	男	农业农村部渔业渔政管理局	处长
26	房文红	男	中国水产科学研究院东海水产研究所	处长/研究员
27	秦启伟	男	华南农业大学海洋学院	院长/教授
28	顾泽茂	男	华中农业大学水产学院	院长助理/教授
29	徐立蒲	男	北京市水产技术推广站	研究员
30	黄健	男	中国水产科学研究院黄海水产研究所	研究员
31	黄志斌	男	中国水产科学研究院珠江水产研究所	副所长/研究员
32	龚晖	男	福建省农业科学院生物技术研究所	研究员
33	彭开松	男	安徽农业大学动物科技学院	副教授
34	鲁义善	男	广东海洋大学科技处	处长/教授
35	曾令兵	男	中国水产科学研究院长江水产研究所	研究员
36	鄢庆枇	男	集美大学水产学院	教授
37	樊海平	男	福建省淡水水产研究所	研究员

图书在版编目（CIP）数据

2021中国水生动物卫生状况报告 ／ 农业农村部渔业渔政管理局，全国水产技术推广总站编 . —北京：中国农业出版社，2021.8
ISBN 978-7-109-28424-1

Ⅰ．①2… Ⅱ．①农… ②全… Ⅲ．①水生动物－卫生管理－研究报告－中国－2021 Ⅳ．①S94

中国版本图书馆CIP数据核字(2021)第125542号

2021中国水生动物卫生状况报告
2021 ZHONGGUO SHUISHENG DONGWU WEISHENG
ZHUANGKUANG BAOGAO

中国农业出版社出版
地址：北京市朝阳区麦子店街18号楼
邮编：100125
责任编辑：王金环
版式设计：王　怡　　责任校对：吴丽婷
印刷：北京缤索印刷有限公司
版次：2021年8月第1版
印次：2021年8月北京第1次印刷
发行：新华书店北京发行所
开本：889mm×1194mm　1/16
印张：6.5
字数：220千字
定价：88.00元